Vision

一些人物，
一些視野，
一些觀點，
與一個全新的遠景！

開一家
大排長龍的店

20年商機專家 李文龍

【前言】

今天這樣開店，才會成功

最近在台灣開店，真的很不一樣。

一些開店新秀在短短的一、兩年時間，以有限的資金，從一家店開始，極迅速的發展出年營業額上億，甚至數十億的連鎖規模。

不過更讓人跌破眼鏡的是在兩、三年間，已擴張店數至兩、三百家，例如四、五年前位處台北縣、人口只有5萬人的萬里鄉，一個曾是國中中輟生的老闆開了一家亞尼克菓子工坊，竟然在短時間內達到上億元的營業額，闖出菓子達人傳奇。更神的是85度C，在三年內加盟擴店至250家，營業額約40億，威脅著國際咖啡連鎖第一名，在台灣落足經營已十年的星巴克。

營業額已超出20億的王品集團發展出王品牛排、西堤、聚北海道火鍋、原燒、陶板燒等餐飲品牌。王品集團計畫在三十年內發展出60種品牌，不但進軍大陸，更將放眼國際。爭

鮮迴轉壽司也不遑多讓，發展出迴轉壽司、有勁蘭州拉麵、日式火鍋、鳥太郎、定食8，SUN FLOWER義大利麵坊。展圓國際發展出麻布茶坊、代官山、蛋蛋屋等。2002年才成立的壹咖啡，在2003年，僅僅一年的時間就已達百家連鎖，2004年達200家，2005年進軍大陸，2006年授權新加坡壹貳控股公司正式進軍海外市場。

2006年在台中公益路開店，短短九個月日賣銅鑼燒5千個，月入五百萬元的星野銅鑼燒，在台北忠孝東路黃金地段也開了分店，每天從早到晚一樣大排長龍，每人還只能限買12個，網路訂貨則早一個月前就訂光。由大甲發跡的小林煎餅以新產品釣鐘燒在清水休息站日賣兩千個，現在已在台北市通化街開了分店，同樣也是生意興隆，大排長龍。國人自創品牌的Blue Way牛仔褲在台灣有上百家分店及專櫃，是台灣牛仔褲第一品牌，打敗國際大牌如Lee、WRANGLER、Big Stone、bobson，實在是台灣的光榮。

以上都是在台灣發展的企業，而如石頭記珠寶連鎖在大陸已發展出千家加盟店，另外如自然美、上島咖啡、仙蹤林、克麗緹娜、永和豆漿等等也都在大陸有輝煌的戰果。

除此之外，網路開店達人一一出現。利用網路賣水果、

精油、XO醬、精油、滷味、鮪魚生魚片、二手服飾、嬰兒用品、內衣、T恤、手工藝品、網路算命、網路補習班等等，凡是你可以想得到的新點子與商品，都有人想在網路上創業發財。新的創業手法及技巧不斷推陳出新，幾乎讓舊時代的創業家望塵莫及。

　　最近，在台灣開店真的不一樣。新店新面貌，新人新創意。短時間內暴紅，短時間內讓一個原本默默無名的小人物暴發致富，實在讓人嘖嘖稱奇。誰說經濟不景氣，大家沒機會？誰說小人物不能成為商場達人？小店不能成為大連鎖？

目錄

Chapter1 以新觀念迎接開店新時代

亞尼克菓子工坊短短兩、三年創造上億的業績；85度C蛋糕咖啡在兩、三年間拓展200多家加盟店，末端業績直逼40億；白木屋在市場上數年時間，全台已有33家，逼退蛋糕市場老大——一之鄉，這些來勢洶洶的服務業新秀，正以革新的創意與精神顛覆傳統的開店模式。

Chapter2 改變開店的思考邏輯

全國電子不僅販賣電器商品，更販賣對消費者的「體諒」，如「足感心」的電視廣告；7-ELEVEN提供給消費者「便利」；全家便利商店「全家就是你家」強調是你的好鄰居；到星巴克不僅享受一杯好咖啡，更提供你一個「休閒」的空間。開店的思考邏輯正在大大改變。

目錄

Chapter3 破除傳統開店的迷思

在燒烤市場切入「新疆燒烤」,在火鍋市場中創造一家蒙古小肥羊鍋,在便
當市場上創造出「手抓飯」便當。在一個市場大餅中,利用「創意」尋找
利基,脫離競爭,另闢自己的天空,這才叫做創意。

真正的創意不是創造在紅海中和敵人廝殺的武器,而是創造一個敵人無法
入侵的天地。

Chapter4 外行人開店創大業的時代

日本三麗鷗公司創造了Hello Kitty,這「品牌」創造出一種可愛文化
(kawaii bunka),滿足「嚮往二度童年滋味的成年人在人生前段回憶的步

目錄

道」。他們授權不同國家，不同的生產製造商，創造出兩萬多種商品，行銷全球40餘國，年銷售金額5億美金。三麗鷗的成功不是商品的成功，而是「概念」的成功，這才是競爭力的核心。

目錄

Chapter5 迎接個人化開店新時代

台灣個人網路商店正在發燒，自創品牌的手工銀飾品、利用個人漫畫像製造的茶杯、T恤、文具用品，依個人形象捏造的泥塑像、依個人喜好設計的首飾、服飾、紋身、自行車等工作坊及賣水果、德國豬腳、滷味、嬰兒用品等網路商店正是目前創業的熱門話題。

Chapter6 網路——無遠弗屆的開店新方法

在網路開店，第一「不要一味地樂觀」，網路創業並不比實體商店簡單，花費的心血和功夫可能比經營一家實體商店來得多；第二是「要以世界市場為舞台」，或至少以大中華圈為舞台；最後是「保有你的獨特性」，網路上的網站成千上萬，如果沒獨特性，一個新網站根本沒有生存空間。

目錄

總結／開店的藍海與錢海七大策略

La new不僅賣好看的鞋,還鼓勵人們能走更遠的路;百菇園是一間美食餐廳,亦提供了健康及增加免役力的保健功能;新疆野宴不只提供新疆滋味的烤肉,更提供了放鬆心情、豪放的飲食空間; Marbolo香菸利用西部牛仔為代言,滿足了消費者「男人氣概」的認同。

Chapter 1

以新觀念
迎接開店新時代

以新觀念迎接開店新時代

　　在台灣，服務業已經來臨，服務業已超過60%的GDP，從事服務業的人口數更超過五百五十萬，而開店創業更是服務業的主流。因此一個更有創意、更現代化、更專業化、更有人文、更標準化、更e化、更有品牌理念、更企業化、更連鎖化的開店服務業已展開空前未有的大革命。

　　短短五年之間，台灣的新服務業已經在經營理念、營運手法上產生鋪天蓋地的變化，也使得許多耳熟能詳的連鎖老店、老品牌，在這一波的新革命潮流中顯得欲振乏力。

◎服務業的嚴厲挑戰

　　在此同時，台灣的服務業經營環境卻面臨了前所未有的

嚴峻挑戰：市場太小、競爭激烈；成本提高、獲利空間縮小；優質人力缺乏、管理觀念大變化；國際品牌入侵、壓縮本土產業；新競爭者業種不斷加入、新創意成爲競爭力必定的附加。

新創業時代消費人口結構及素質的變化：E世代年輕人與新現代女性已成爲服務業的新消費者；嬰兒潮世代的人口已經成爲銀髮族，服務業必須爲市場再定位；少子現象兒童市場朝更優質化的競爭；貧富差距加大、開店模式必須再調整；鬱卒的人們愈來愈多，精神與人文成爲服務業必有的附加價值。

創業發展方式的變化：

1. 網路的運用是每一個事業必須使用的工具。

2. 品牌的經營是企業經營的使命。

3. 前進大陸與國際化是台灣服務業必須的出路。

4. 連鎖加盟已成爲快速開拓事業的方法。

5. 個人創業已蔚爲風潮，更多新生代年輕人加入創業市場。

6. 服務業的經營者愈來愈戰戰兢兢，大家愈來愈有創意。

7. 分眾市場、多品牌企業已經成形。

◎新的管理與行銷，才能贏

近年來，服務業的大環境和競爭性可以瞬息萬變來形容，必須要有更新的管理觀念、行銷策略，才有辦法因應新服務業時代的要求；良好的商品、親切的服務、明亮的櫥窗、有形象的企業識別系統、精確的庫存管理系統、有效率的顧客管理與成本控制系統等是經營服務業與開店創業必要的條件，但已絕對不是贏的充分條件。

新的服務業世代需要：

1. 更創新的精神。

2. 掌握時代的脈動與國際接軌的觸覺。

3. 強調經營理念和商品價值。

4. 有區隔和定位的概念。

5. 更了解網路的無限和其侷限。

6. 更有人文的精神和因應新世代人類的新領導方法等等。

服務業的新世代創業家已經竄起，他們帶來了更創新的經營生命和大膽的創意。新生代的消費者替代了戰後嬰兒潮的四、五年級生，成為新興消費市場和商機。因應新世代的

服務業及新人力，使開店經營產生巨大的理論與實務的變化。

　　這是一個服務業革命的時代，一切的一切正在做巨大的變化，更充滿了刺激與挑戰。新興創業家的你，成功機會來臨了！但是你準備好了沒？

一、不但要向傳統挑戰，更要突破現在

生產業在台灣已是明日黃花，台灣未來在世界舞台以及兩岸的優勢都只有兩種選擇；一個是科技業，另外一個則是服務業。

科技業或生技業是一個不只需要龐大資金，而且還需要長期投資的行業，所以如果你現在尚未投入這個行業，那麼真的是為時已晚。

開店服務業雖然台灣早在二十年前就展開第一次革命，突破了傳統商店的經營，進入了現代化連鎖化的經營，目前一些本土老牌連鎖店，如義美、新東陽、郭元益、寶島鐘錶、寶島眼鏡、曼都美髮、巨匠美髮、小林美髮、自然美、麗嬰房、科見美語、吉的堡、天仁茗茶等就是在當時崛起，以CIS企業識別系統概念、標準化作業概念、顧客滿意度管理、商圈管理、標準成本管理、行銷包裝、促銷活動等現代化管理知識，把所謂的家族或家庭事業脫胎換骨，在缺乏強勁競爭及低營運成本的優勢條件下，這些成功店得以迅速複製，由單店成為多店，更而成為連鎖企業。

◎知識+創意=不敗

然而最近的新興世代創業家，卻以更具創意的經營，連鎖化與國際化的發展眼光在更短的時間內迅速竄起。

以往專業的開店知識，諸如企業形象與行銷包裝、促銷手法、標準化作業、服務流程、商圈概念等已是大家耳熟能詳的開店必知。

新時代要求創業家不但要有知識，更要有創意，還要有人文精神、經營理念、品牌哲學、區隔概念以及敏感的國際觀。

開店服務業的本土明日之星，如王品牛排的王品集團，85度C的美食達人集團、La New及阿瘦皮鞋、Blue Way 牛仔褲、三井日本料理、白木屋及比利小雞的手工蛋糕、Mr. 馬克德國麵包、小林煎餅、爭鮮迴轉壽司、星野銅鑼燒、歐迪芬內衣、登琪爾美容SPA⋯⋯等正以新創意創業精神展現新服務業、新氣象，台灣服務業的新興革命已經啟動，新的浪潮已開始淹沒舊思維舊格局。

◎服務業新秀各佔山頭

亞尼克果子工坊在短短兩、三年間創造上億的業績；85

度C蛋糕咖啡在兩、三年間拓展了兩百多家加盟店，末端業績直逼40億（台灣的統一星巴克在台灣十年，開了150多家直營店，業績也才25億左右）；白木屋在市場上出現才數年時間，全台已有33家，逼退原本蛋糕市場老大——一之鄉；Mr. 馬克德國麵包在十年間建立起24家店，在天天有麵包店關門的市場中一枝獨秀；傳統豆花店轉型的多福豆花前幾年還是以豆花車沿街販賣，現在卻有200多家加盟店；傳家飯糰把傳統米食加上新精神與創意，除在本土已打下基礎，更以放眼國際為未來發展目標。

這些服務業新秀來勢洶洶，以革新的創意與革新的精神正把台灣服務業推往第二次新的階段。

創意成功開店，大好時代已來臨。

新開店時代已經來臨，正是新創業者以新的創業精神，快速發展、快速成功的好機會。

二、20～35歲的消費族群潛力無窮

隨著時代在變，縱使是老行業、老店舖，像便當業、自助餐業、中餐業、豆花店、花店、蛋糕、金飾、服飾業……等，為了因應時代的需求，即使是歷史悠久的老店都必須在古意的意涵下給予現代化的面貌。

◎舊內涵必須注入新元素

十年前的百年老店郭元益喜餅店以復古的裝潢，古意的企業形象，穿唐裝的服務生等等的傳統元素在市場中創造形象的獨特性。但是為了因應新時代的消費者和市場，必須在古意下加入國際化的現代新元素。店面裝潢由懷舊改變為符合新世代的現代風格，喜餅也由漢風改變為西式，更以現代風和西洋式命名。

即使小餐館、小商店也都有企業識別系統、e化管理、客服客訴管理、品管系統等制度；泡沫紅茶店有標準作業規範、POS系統；餐廳業有電腦點菜系統、庫存管理系統、採

購系統，個個服務人員都受過周延的禮儀與待客訓練，顧客資料筆筆進入資料庫，作為顧客管理與促銷之用……

三年前，我談到日本的章魚燒，在日本創造幾10億元的營業額，甚至這種小攤子都已經滲入台灣與中國大陸的夜市，這樣的小攤子，管理上都已經與世界化同步了，難道有美食王國之稱的台灣不能嗎？

然而幾年後的今天，我們赫然發現台灣創業的新精神逐漸的展現。就以鄉土味十足的客家菜為例，不但融入了西餐的容器和創意的擺飾，食譜內容更加入西風與歐風的成分，在裝潢、氣氛上更具現代化的風格，服務上也更細膩化，管理上電腦化更有效率，顧客管理也更周延與永續化。

另外如陶板屋、三井、上閤屋創意日本料理等新的服務方式，與符合新生代口味的創意菜，打破了三十年來日本料理的經營模式。

如果再仔細觀察台灣一些傳統的北京菜餐廳、湘菜館、粵菜館、江浙菜館等，只要是仍然以古意中國風、吃飯圍桌團圓坐的餐廳，我們可以明顯看到一家家的凋零。

未來市場起而代之的是為因應新興E時代與加入現代風的餐館和料理，加入這些現代元素，餐廳的命名也洋化、日化或現代化了，不再取作什麼什麼樓或閣的，而代之以英文

名、日本名或現代語言的新命名,在裝潢上更有現代感,菜色有創意,菜名也有新的詮釋,經營管理e化了,服務方式細膩快速,並且融入了各種不同的人文和故事,經營者更有理念和使命。從這裡我們已經很清楚的知道主導台灣服務業未來的新主人是誰了。

◎掌握新世代消費「錢」力

360萬的20至35歲新消費世代已展現龐大的消費潛力;嬰兒潮世代的四、五年級生即將成為銀髮族,市場主力消費群已開始改變,原有的本土與懷舊情愫,必須加上創意才有延續發展的空間,必須超脫狹隘的本土框架,融合現代新元素,本土服務業才有世界化的願景,「俗擱有力」、極度的草根本土風,只是一小撮守舊派銀髮老頭的專用品而已。

新開店管理革命時代已來臨,二十年前以本土為品牌元素為發展基調的成功企業,二十年來承襲著一樣的CIS,大同小異的商品,一成不變的管理思維與服務方法……如果再沒有新元素的注入,沒有創新的新理念,沒有積極拓展新品牌,沒有國際化的規劃,那麼將面臨生存與發展的嚴苛考驗。

新興的創業家們,你具備了新世代的開店創意元素了

嗎？你具備了新創業思維，準備迎接新的挑戰了嗎？

> **必須有新元素、新理念、拓展新品牌以及國際化。**
>
> 「俗擱有力」、極度的草根本土風，只是一小撮守舊派銀髮老頭的專用品而已。

三、迎接新世代消費革命的七大對策

很明顯的，台灣的服務業正面臨一個全新階段的挑戰：

1.附加服務，附加成本——

市場同質化的競爭激烈，爲了強化競爭，不斷增加各種
管理成本、服務成本、促銷成本等，市場縮減但成本反增，
利潤加倍的萎縮。

2.經營模式再調整——

調整經營的模式，重新設計最具經濟效益、最有獲利與
競爭力的新模式。低價量化或簡單、快速省人力、成本，或
提高附加價值，以增加淨利空間等，都是尋求更有競爭力與
獲利的經營新方向。

3.多品牌經營——

分眾時代來臨，爲了減少投資風險，增加區隔市場的優

勢，打破傳統一個品牌永續經營、無限擴張的概念，以各分眾市場、各單一品牌替代過去一個品牌滲透不同市場的概念。

4.國際化的挑戰——

便利商店的7-ELEVEN、速食業的麥當勞、咖啡連鎖的星巴克、精品的LV、美容業的萊雅等，幾乎所有大連鎖服務業都是國際品牌的天下，本土品牌的空間被壓縮得愈來愈小。

在兩岸政經情勢混淆不清的情況下，本土品牌國際化之路蹣跚難行。

面對新的世代市場、國際外來客的競爭，新的服務業應該如何因應呢？

1.以新興E世代的主力消費群為市場——

以18至30歲為主的新興消費群。這群人展示出新的消費力與借貸力，沒有家庭負擔，可支配所得甚至比35歲、有家庭族群更高。

「休閒」與「工作」同樣重要，快樂是辛勤工作的目

的，現代化與世界化是不落後必要的動力。

新的服務業必須掌握這群消費主力的新脈動及消費潛力，他們是最接近世界的一群人，你掌握了他們就與世界接軌了。

2.老酒新裝——

同樣是川菜館，老式川菜館一一關門大吉，KiKi的川菜餐廳卻生意興隆，不斷開分店中。

舊的酒必須重新包裝，加上新的元素。「老的形式」中就只給老去的人享用，市場是逐漸在凋零的，新的世代才是未來的新消費世代。

本土懷舊風只是一陣旋風，終究不是年輕的本質。對消費者來說只是好奇，好奇不是吸引他們忠誠的元素，流行與趨勢才是他們所要的。

同樣的商品需要新的創意包裝、新的命名、新的用法以因應新興消費群新的需求。

3.新服務精神——

新的革命服務精神為簡單、快速、效率、直接。在有限的資源下，空間有限、人力有限、時間有限，一點一滴都要

講求效益。

　　傳統的經營理念是要給消費者額外的獲得，有寬敞的消費空間、周全的服務和顧客互動、建立客情……但在各種高成本的壓力下，以往傳統服務業慢慢與客人磨耗的服務精神無法因應有效益的新管理方式。

　　簡單易懂的菜單或套餐，快速點餐，快速上菜，明快的服務，快速的客怨處理等代替以前繁複、一對一深度的服務方式。

　　新服務時代為了達到經濟與效益，一切以精簡、快速為原則，不管是高級日本料理、咖啡店、快餐店、早餐店、服裝店、牛肉店……和客人之間的互動關係，以好商品、效率的服務流程、e化的顧客互動關係、資料庫管理的行銷技巧……等整理成為一套制度和規範，替代了以往以「人」為核心的一對一親密互動關係。

　　以往的管理是店長和老闆為領導者，他們帶動了店的生命，建立了與顧客長久的關係；但是新興的管理精神，將個人化的新精神變成為制度、流程與規範，這些才是服務業的新領導者，只有讓制度成為領導者，一個公司、連鎖業、商店才能複製與延伸。

4. e化管理──

只有把一切制度、流程、管理等e化，才能達到精簡、快速與經濟效率。

把電腦當成工具，把量化的數字當成管理的指標，用內部網路相互聯繫以及下達命令，以客戶滿意度調查為服務管理與獎懲，並且以VIP數、顧客回購率、來客數、客單價……等為行銷管理的依據，當然最後以獲利點為經營成果的指標。

5. 前進世界──

台灣市場有限，如果不以大中華或亞洲，甚至是世界為發展目標，台灣的服務業是沒有發展前途的，所幸一些台商服務業已經涉足大陸，如石頭記、仙蹤林、永和豆漿、王品集團等都已進軍大陸市場，並以大陸為向世界邁進的踏腳石。當政治仍在開放與本土政策上長期爭論不休時，企業界早就作出他們最智慧的抉擇。

6. 新的服務業新知識──

新的困境才能激發新的潛能和創造新的經營知識。

新的服務業新知識包括：

- 人性與人文新價值
- 最終消費者利益的觀念
- 獲利優先取代市佔率掛帥的觀念
- 第一的定位概念
- 創新的創業觀念
- 網路行銷新觀念
- 加盟推展新策略
- M型社會的行銷新策略
- 全新的人力資源經營模式
- 創新的通路手法
- 大眾媒體無用論
- 創新的經營模式
- 突破傳統的成功法則
- 快速簡明的顧客關係
- 競爭已死的新競爭概念
- 多品牌創業策略
- 「概念」取代「商品」行銷的時代
- 市場調查新觀念
- 追求完美的破滅
- 躲藏的第一策略

・追求趨勢不如同中求異

・個人品牌的興起等……

7.新管理概念──

包括：以新的品牌精神替代過去只重外觀的企業形象CIS，激勵領導代替嚴厲的軍事化管理，加盟授權取代直營連鎖快速發展，口碑傳播效益勝過花錢的廣告，大眾已死，小眾誕生，以「圖利消費者」理念取代利己的純利己心態等。

開店贏的知識已經大變化，你不能再墨守成規！

創新的知識和觀念是超越自己、突破傳統的最重要元素。

Chapter 2

改變開店的思考邏輯

改變開店的思考邏輯

一、販售比生產更重要

在舊時代裡，以產品為中心，經營者的焦點集中在尋找新產品或研發新產品，創意的中心以創造產品的特殊性為主軸，創新的價值在於創造產品的差異性。

就以餐飲業為例，經營者大都把60％的心力放在新菜色的研發，長久以來也以此為競爭力的重心；珠寶業者以推出品級更佳的珠寶產品；補教業以更好的師資為號召；美容SPA業以無微不至的服務為宗旨；各行各業達人也以展現自我才藝與風格為訴求。

這樣的經營觀念長久以來都被認為是經營的鐵律，甚至是不可被懷疑的，然而這樣的思考邏輯卻是以生產為導向的舊時代思想產物，新服務業時代經營的聚焦，應該是以消費者最終利益（Ultimate Benefits）為中心。

◎消費者的最終利益擺第一

好的商品應該是暢銷的商品，更應該是以滿足消費者的需求為依歸的商品，而不是以生產者自認為狹隘的產品物理特質為限制，況且消費者的需求還包括心理因素、品牌因素、價值因素、競爭因素等等。

市場上充斥各種新商品，並不缺有獨特性的商品及專利品，更不缺失敗的商品。

失敗的經營者經常扮演的是生產者（Producer）角色，卻不是行銷者（Marketer）的角色。

有的經營者以實現自己的理想為出發點，只會製造自己認為的好產品，孤芳自賞；真正的生意者應是以實踐消費者的利益為最終目的。

實現自我，完成理想是我們不斷被教育的一種實現自我的哲學，但是這種哲學卻與事業的經營行銷學有差異，一個在完成自己，一個是在實踐他人夢想。

◎開店最難以擺脫的迷思

生產者最容易墮入這種「自我遵循」的迷思，尤其是知識性的產業，如出版業、文化教育業，許多經營者或著作者不是因應市場與消費者的需求為商品著作與開發，而是以發表自己的論述或達成自我成就為目的，有時候還把一些知識處理得更複雜、更艱深，要讓人覺得自己夠專業，但所謂的專業或Professional並不是在這個定義上。

美國的Wiley出版公司出版了一系列笨蛋（Dummy）學習的書，如Dummy學投資、Dummy學行銷、Dummy學高爾夫、Dummy學電腦、Dummy學網路等等，完全針對一般非專業人士所寫的入門書，卻本本都比教授級所寫的書都還要暢銷。

街上到處有飽學的博士、碩士，卻也到處都有懷才不遇的專業人士以及潦倒一生的才子。理想及專業除非能夠轉化成消費者或市場需求可以接受的形式，否則都是沒有商業價值的。

《如何快速看懂財務報表》這本書的市場絕對比《當代財務管理學新論述》大得多，當然也可以拿到更多的版稅。寫Dummy書的人不見得要是能寫財務理論的博士，但是他一定要是以消費者最終利益為中心的行銷者。

　　大陸的于丹說論語以平易近人的方式，重新詮釋數千年前的老著作，竟然一個月狂銷三百萬本。

　　升學補習班賺大錢的名師，就是因爲掌握了學生最需要的考試快速得高分的祕訣而致富，他們的學問及專業絕對比不上許多大學裡的教授，但是他們成功的原因是，他們是個Marketer，而不是一個自恃高傲的Producer。

　　我們看到許多爲了理想而創業或開店者，他們厭倦聽人使喚、朝九晚五的薪水生活，爲了享受悠閒又有品味的新生活，而開了家耗資五、六百萬的純正法國風格的咖啡廳，75元的咖啡一杯杯的賣，可能要賣個四、五年才能回本，甚至無法回本。

　　市面上也常看到諸如取名爲「Wendy的店」或「大象的店」，可是你不知道他們在賣些什麼，是精品、是衣服或飾品？光看招牌名稱眞的是不知道，這些都是一些年輕人爲了追求理想而關起門來開的店，我爲什麼說是關起門來呢？開店不是都要開門的嗎？就是因爲這些人不是爲了服務消費者，而是爲了完成創業目的，或者爲了表達自己的理念而開店。

　　許多SOHO族個人工作室的主人經常是這種人，他們也大多是做一些替人代工的工作，賺一些工資。我們向他們致

敬，因為他們追求理想，但是也為他們的才華沒有被廣大消費者認知，或者為他們成為那些尖酸刻薄的商人的賺錢工具而感到惋惜。

　　從小學到大學到入社會工作，我們不斷被教育，要為理想而活，要為理想而奮鬥，這句話沒有錯，錯的是我們的理想應該以實現消費者的利益為目的，以實現他人的目的為自己的目的。

　　但是一個Producer卻只把眼光放在自己的商品身上，試盡各種辦法要把商品做得更優，卻不把注意力放在到底消費者需要什麼。就像一個大學教授一樣，不斷的加強自己的學問，把出版品寫得愈艱深，卻期望書能夠賣得愈來愈好，這簡直就是緣木求魚，根本不可得。

◎開店的最終目的

　　我在此不是要特別強調好商品一定是大眾化商品，其實大眾化商品常常是缺乏競爭力的同質性商品，我只是要特別強調好商品應該以消費者的最終利益為定義，以及是否能滿足特定的消費者需要為評估的標準。

　　我們不能為了開店而開店，而應以滿足消費者的最終利益點為目的，就如開一家服裝店不在為了展現自己的設計能

力，而是以滿足特定消費者需求為目的，諸如滿足女性上班族的自信，或者肥胖的年輕女性的性感、高階上班男性的身分，或者是Teenage年輕人的青春心情。

開一家英文補習班，能讓人快速的說上一口好英語是一般性的目的，但並不是最終目的，最終目的應該是能讓上班族在最短的時間內以最有效的方法，以流利的英文在工作上有新的成就和被認同；或者讓學生能在最短的時間內，輕鬆的以英文高分進入名校；或者滿足學生家長望子成龍、望女成鳳的心情。

台北淡水河及基隆河開闢了兩條的藍色公路，其中淡水河線有一條從台北大稻埕經關渡到淡水，但據知經營得並不理想。

消費者的最終目的不是坐遊艇看風景或看淡水夕陽的交通工具而已，應該對小學生有旅遊兼生態教學的意義、對特定的觀光團體有遊河及歡宴的附加功能、對新婚者也可以提供另類的婚宴。是不是如此才能增加其附加價值？那麼收入的來源就不只限於船票而已。

北投焚化爐旋轉餐廳最近因為門可羅雀而關門大吉；消費者的最終目的，並不是到那兒用餐、吃飯而已，或者以能觀看到關渡平原而滿足，經營者應該是提供一個更詩情畫意

的用餐情趣。

　　創業開店之前就應先自問，誰是特定的消費群，而不應該是泛泛的一般消費群。消費者的最終特殊需要是什麼，而不是普遍性的需求。如何創造滿足他們的獨特需求，而不是其他的競爭對手可以輕易替代的需求。

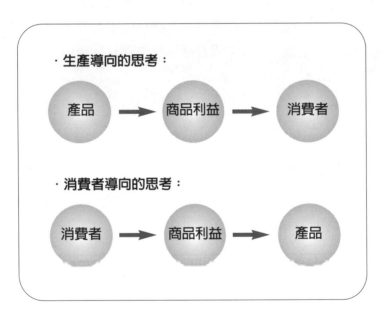

開店的目的影響獲利。

開店前，請先問自己，開店的目的是什麼？
是為了開店而開店？還是以滿足消費者最終利益為目標？

二、經營品牌的精神與價值

　　三十年前在街頭的一間小小的「阿婆店」（小雜貨店），堆積了柴、米、油、鹽各種產品，店內有多少產品、多少庫存，連「阿婆」都不知道的年代裡，「阿婆店」是一般家庭生活必需品的供應站，是產品的結合體，也是產品流通的主要通路。

◎商品不只是商品

　　然而今天各種通路林林總總，大如：家樂福、Tesco、B&Q，小如：你家附近的7-ELEVEN、全家便利商店，各種商店從咖啡店、服飾店、童裝店、書店、內衣店、牛肉麵店、日本料理店、電器店、手機專賣店、泡沫紅茶店……等不下數百類各種商店，雖然商店因產品不同而分類，然而商店因應現代人的需求，不再只是產品的集合體，更成為「消費利益」的供應站，而這消費利益更不僅侷限於商品，更附加了「人文」、「心理」、「身分」、「認同」等非物質的層

面。

全國電子不僅是販賣著特價的電器商品，更販賣著對消費者的「體諒」。「足感心」的電視廣告，強調對中下階層消費者的一種「體諒」，而這種體諒更落實於實際的店面人員的服務態度、安裝服務、售後服務、分期付款服務、獎學金提供等等，除了「商品」之外更附加了全國電子品牌的「人性面」，加深了消費者對其品牌的認同；相較之下，其他相類似的燦坤，強調「強勢通路，強勢低價」，就較缺乏了人性的溫暖。

7-ELEVEN提供給消費者的是一種方便，雖然價格比大賣場高些，但是就是「便利」，全家便利商店的「全家就是你家」強化「全家」是你的好鄰居。

到星巴克不僅能享受一杯好咖啡，星巴克更提供你一個「休閒」的空間。

吃到飽的Buffet不僅提供美食，更滿足無時無刻被限制的鬱卒的現代人一個自我放縱的自由。

LV，George Armani，Channel，Burberry……等精品名牌提供了商品之外的身分與心理的滿足。百貨公司不僅是千百種商品的集合，更是集合了休閒、服務、商品資訊等非硬體價值。一家餐廳不應只是提供美食的空間，更可以是家人、

朋友、同事聚會的人性場所。一家歷史悠久的小吃店不僅提供了好產品，更可以提供「故事」與「歷史」的人文價值。

據調查，台灣連鎖店已經有120種品牌在大陸登陸，超過千家連鎖規模的已有十多個品牌，其中包括：石頭記、歐迪芬、自然美、達芙妮、克里絲汀屋、瀚穎、哥第等都是，其他諸如永和豆漿、天仁、元祖、仙蹤林、上島咖啡等都在大陸有不錯的成績，然而美國除了肯德基、麥當勞、星巴克外就沒有可以與台灣連鎖品牌相比的，日本品牌在大陸嚴格地說還有成氣候的。

台灣的連鎖業之所以在中國、美國與日本連鎖業中能夠勝出，其主要成功的核心競爭力就是「服務的人性價值」。

人性的價值在服務業的運用手法，包括下面幾種策略：

1.提供優質與貼心的服務──

航空公司的競爭除了售價和安全之外，另外一個重要的競爭力就是「人性的優質服務」，讓客人在旅途中能賓至如歸。

旅館業的管理大師──嚴長壽的亞都飯店之所以成功也在於提供給客人一對一深度的細緻服務，對於顧客的資料、

價值，那麼就會增加商品或商店的競爭力，更能貼近消費者的需求。

4.不斷創新的服務內容——

SONY早已是國際頂尖級的公司，然而當年松下幸之助仍不斷諄諄告誡員工：即使像SONY經營到如此的成就，如果不注意，仍有可能一夕之間就滅亡。

滿足於自我短暫的成就，或當有小小成就時就膨脹自己，自認為已是天下無敵，是世界上最會經營的天才，那麼就很危險。

市場上多少沒落的品牌，難道就是因為當年自溺於小小的成就，產生傲慢心，故步自封而漸漸被新秀所取代？海霸王、華新牛排、超群囍餅、元祖食品、長崎蛋糕、義美食品……等，這些十五年前在連鎖業都稱得上響亮的知名連鎖，為什麼好似缺乏了新生命、沒有了新動力呢？

可能是傲慢的心，缺乏再學習的動力，或者是沒有創新的服務內容，沒有創新的管理力，埋下了沒落的種子？

產品不是決勝的關鍵，祖傳祕方更不是贏的核心競爭力，沒有全新的公司文化、全新的管理能力，十年下來，產品內容、種類、項目沒有太大變化，服務方式也是一成不

變，顧客關係管理、管理內涵也沒有太多創新，你認為再十年後，他們又會如何產生變化呢？

7-ELEVEN十年來商店內不僅商品內容增加，如便當、三明治、飯糰、漢堡等產品，服務內容也不斷增加，如有ATM的服務、快遞收送服務、訂書的服務、繳水費、電費、繳罰單服務……等。十年來，我們看到的7-ELEVEN是一個服務業「創新」的典範，十年來，7-ELEVEN真正落實了「你方便的好鄰居」的定位。

長江後浪推前浪，不用說十年前、五年前的領導品牌，現在早就被新的創新者取代。白木屋已經漸漸取代了一之鄉、長崎蛋糕的地位，阿瘦皮鞋、La New成為新的鞋業霸主，王品集團可能成為新的餐飲業領導者，O'GIRL成為跨足兩岸的台灣服飾品牌王，也許，我們有一天得殘酷的向那些老品牌說再見！

商品並不是唯一致勝的關鍵。

開店必須在各方面不斷創新，從服務、管理、內容及品牌經營等，才能永保競爭力！

三、「圖利消費者」是永續成功之道

　　「成功商店」的經營絕對不是純粹陳列許多商品的販賣場所而已，成功商店必須具備和「成功人類」同樣的特質，那就是要有「中心思想」和「行動哲學」。

◎開店必須要有理念

　　思想及哲學中心指導一個人的人生方針和每日之行為模式，沒有思想和哲學的人，就像一個只有肉體的軀殼一樣，是個缺乏靈魂的生命，生命沒有使命，當然就沒有吸引力，也沒有魅力。

　　成功的商店不僅有非常「資本主義」的物欲商品，除了創造業績和利潤之外，更重要的是要推銷一種「圖利消費者」的好理念，以利他的理念為基礎建構一個可以永續經營的哲學。

　　Torrid是在美國擁有近百家大尺寸女性服飾的連鎖店，其商店的經營理念就是提供給15歲到24歲的大尺寸女性朋友

性感又漂亮的服飾。誰說大尺寸的女性不能性感呢？畢竟減肥瘦身並不容易，假如現在無法將自己的體重下降，身材變苗條，難道就無法表現美麗了嗎？Torrid的使命就是讓每個胖女人都漂亮。

這使命讓人興奮，也讓人感動，因此Torrid Plus Size這個品牌就創造出了消費魅力，公司的經營也因為有使命，有了更具體的努力方向，在市場上能夠創造獨特性，也創造了企業永續之生命。

◎星巴克不只是賣咖啡

星巴克（Starbucks）這幾年猛然新興竄起，並且已經是全世界超過6千家分店的最大咖啡連鎖公司。創始者霍華・蕭茲（Howard Schultz）不僅將義大利重烘焙口味的濃郁咖啡帶進美國與全世界，更把一種新的生活方式哲學傳播到全世界。

Starbucks不僅賣咖啡，更提供給忙碌的現代人在公司與家庭以外的「第三個空間」。《Starbucks咖啡王國傳奇》一書中指出星巴克之所以迷人之處，就在於其「善」（Good）的經營理念：星巴克是一種浪漫的味道。

踏進星巴克5到10分鐘可以暫時忘卻一切瑣事；星巴克

是城市水泥叢林中的一處綠洲，在現代冰冷的城市中提供客
人一個人安靜思考與沈澱的地方，有如沙漠中的綠洲。另外
星巴克提供一種悠閒的人際互動，人們可以在這個空間自由
聊天漫談。

　　因為星巴克的理念「善」讓星巴克咖啡因此有了生命、
有了主張，更塑造了品牌好形象，也因而贏得了消費者的
心。

　　Giorgio Armani出生於1934年，他本來學醫，後來因為覺
得自己生來沒有具備醫學的血液，而轉行從事設計的工作，
他的經營哲學就是幫助女人與男人在穿著上得到舒適和信
心。畢竟衣著不像裝潢，把一些材料和顏色放在牆上，而是
要有感覺和概念的，這個理念的貫徹讓這個品牌已成為世界
高級品的代名詞。

　　達美樂（Domino's pizza）為了要讓消費者在最短的時間
內享受到熱騰騰的pizza，因此要變成世界遞送到府最快的
pizza，全公司員工也以此為目標努力不懈。全世界已有3萬
個據點，50萬個消費者，遍佈119個國家的麥當勞，除了提供
美式美味漢堡外，更要傳播「歡樂」給消費者，因此不斷地
創造各種促銷活動，即使麥當勞已經有50年歷史了，仍然年
輕、活力十足。

品牌因為有理念而有生命，因為有生命，才會令消費者感動。

台灣的許多經營者，只以獲利，甚至是「短期」獲利為目標，缺乏「圖利消費者」的使命和理念，如何期待他們能有永續的經營觀念？

即使是已有數十家連鎖規模的咖啡店、牛排館、百家加盟的兒童美語補習班、數千家加盟的早餐店，都缺乏造福消費者持續性的堅定使命及理念。

如果你有機會問問台灣的企業經營者：你的事業理念及目標是什麼？你千萬不要奇怪他們的答案只是：賺錢和獲利。不但要賺錢和獲利，而且是要愈快愈好，最好是在3年、5年內創造10億業績，或幾億利潤。

◎小早餐店也有大理念

即使是一個小小的早餐店經營者，以「讓忙碌的上班族，能夠快樂的享受營養元氣早餐」為「利他」的經營理念，並落實執行在商品品質管理、營養概念、服務方式及消費者的教育，早餐店也可以永續發展成為大企業。

一家小小的冰店，也可以有好理念，以不斷提供年輕消費者，有創意又營養的冰品，讓吃冰成為炎炎夏日最幸福的

享受，這樣的「善」念，消費者一定可以感覺得到，也一定會得到消費者的認同。

「善」理念是創業成功及永續成長的好開始。許多不成功的商店，往往不是因為沒有好的商品，而是因為沒有經營的中心理念。

沒有理念，就沒有明確可依循的商品研發策略，沒有明確的顧客經營方針，也沒有可以感動消費者的品牌人格和故事。

就以台灣市場上已有四、五百家的有機食品店為例，據知有超過50％以上都沒有達到預期的獲利目標，主要的原因就是因為這些有機食品店大都只能稱作是陳列四、五百種商品的有機雜貨舖而已，經營者不但缺乏健康及有機方面的專業知識，更缺乏「圖利消費者」的服務理念和熱忱。

凡是成功的店家與企業家，他們不僅販賣商品，而是在推銷一種「價值」（Value）與「知識」（Knowledge）。

他們具有專業知識及教育消費者的精神，有非常堅定而且明確的服務理念和價值，並且具體地實踐在商品的選擇、商品售價、顧客關係及教育和促銷活動上。

例如堅持使用飼養超過三個月的熟鴨，讓都市人能夠吃到真正鄉土好美味，即使在偏僻小鄉鎮，一樣可以讓消費者

趨之若鶩。

◎品牌經營最爲人所忽略

「圖利消費者」的好理念，創造了金山鴨肉的傳奇和財富。堅持以最好的調煮方式提供給咖啡老饕一杯好咖啡，使「老樹咖啡」有附加之品牌價值，並成爲無人不知的台北市頂級咖啡店。現代消費者因爲理念認同及價值共鳴而產生偏愛及消費，商品只是次要的選項。

如果你經營兒童美語補習班，你是否有以培育台灣一流未來國際性人才爲目標呢？如果你經營一家有機食品店，你是否有以解決消費者的健康問題爲使命呢？如果你經營一家客家餐廳，你是否有以讓一般大眾都有機會享受客家美味，進而了解客家文化之美爲理念呢？

台灣的服務業是未來經濟的命脈，商店連鎖更是服務業中最重要的產業，但是台灣的商店服務業，卻非常的脆弱，只要有國際連鎖企業進入台灣市場，大部分本土業者只有俯首稱臣，如連鎖量販店、咖啡店、便利商店、速食店等等都是，反之消費者對這些國際品牌卻全然望風披靡，趨之若鶩。

其中最大的問題是，台灣的企業與連鎖業最多只會經營

商品或顧客關係，對於理念和品牌的經營還是在幼稚園的學習階段。

　　台灣的服務業若企圖國際化、進軍亞洲或是世界市場，仍然要在經營的理念和品牌的生命哲學上多下功夫，畢竟有理念才會有生命，有生命品牌才有價值。品牌有生命才會感動消費者，才會得到消費者的認同。

　　我們可以用下列四個準則來檢視你的商店或企業是否具有「圖利消費者」的經營理念：

1. 經營者有無與眾不同的「圖利消費者」經營理念？

2. 將理念實踐於營運中的每一個環節，包括選擇商品、服務方式、品牌形象和員工訓練、精神管理和管理制度等等，並嚴格遵行之。

3. 「圖利消費者」的理念經過不斷的教育宣傳和推廣，可以得到消費者的感動、認同並且產生好口碑。

4. 「圖利消費者」的經營概念，是否可以產生故事性及引起新聞媒體的報導？

「一個人的價值，應該看他貢獻了什麼，而不是他取得了什麼。」───愛因斯坦

‧現代新商人不能再以自利為創業前提，必須以利益大眾，成就消費者為出發點，才能以自利為收成。

‧開店必須在各方面不斷創新，從服務、管理、內容及品牌經營等，才能永保競爭力！

四、限制自己，才有競爭力

產品是沒有商業價值的，必須將產品轉化爲商品。產品轉化成爲商品的過程叫做商品化（Merchandising）。

商品化過程包括：

1. 選擇特定的市場消費對象。

2. 要設定提供給市場對象的特殊消費價值。

3. 將消費價值轉化成爲消費者的語言。

4. 以最有經濟效益的方式將消費價值傳播給消費者。

而轉化過程的第一項工作就是把產品由一般性轉化爲特殊性，而轉化爲特殊性的第一工作就是要限制自己在一個市場，限制於一個定位，限制於一個特殊的服務，限制於一個消費對象。

◎消費對象愈不明確，愈沒有競爭力

商品愈能滿足廣大消費者的需求，就愈是缺乏獨特性。市場對象愈不明確，就愈缺乏競爭力。

在舊服務業時代，期望一個商品能滿足愈多的消費群需求愈好，一個商品藉由擴延至不同的消費群而得以延續其生命週期。

一家咖啡店原本是以年輕人為主要消費群，為求增加客源，因此增加新產品或服務，期望擴展婦女或老人消費者。這種野心的期待反而使這家店的定位不明、獨特性不足，當然缺乏競爭力。

競爭力來自於能提供特定消費群的獨特利益的商品，針對50歲以上中老年人提供富有高鈣、高纖維的麥片，絕對比所有年齡層都可飲用的一般麥片更有獨特性，在中老年人這個市場裡也更有絕對的競爭優勢。

迴轉壽司專賣店絕對比一般的壽司店特別。八方雲集餃子專賣店絕對比一般街頭巷尾都有的麵食店更有獨特性。越式、泰式、緬甸雲南料理店因各具特色，所以可以在飽和的餐飲市場中求得一席之地。

在海鮮林立的市場裡，台北新生南路上的好味道及萬華的台南擔仔麵走高價位，以國外觀光客為市場對象，都開拓

出自己的一片天空。

◎小衆時代已來臨

　　限制自己在一個市場、一個區隔，提出一個獨特性、唯一性的消費利益才能突顯自己的價值，也增加附加價值，才可以有高價位、高利潤。

特殊市場對象Special Target

特殊性商品

一般消費利益　　　　　　　　　特殊消費利益

General Benefits　　　　　　　　Special Benefits

大衆商品

大衆消費對象 General Targets

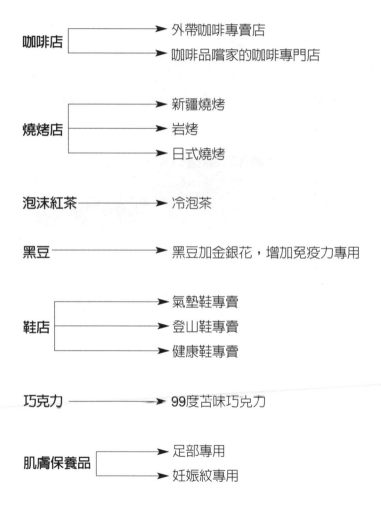

一般商品轉化為特殊性商品

咖啡店 ──→ 外帶咖啡專賣店
　　　　──→ 咖啡品嚐家的咖啡專門店

燒烤店 ──→ 新疆燒烤
　　　　──→ 岩烤
　　　　──→ 日式燒烤

泡沫紅茶 ──→ 冷泡茶

黑豆 ──→ 黑豆加金銀花，增加免疫力專用

鞋店 ──→ 氣墊鞋專賣
　　　　──→ 登山鞋專賣
　　　　──→ 健康鞋專賣

巧克力 ──→ 99度苦味巧克力

肌膚保養品 ──→ 足部專用
　　　　　　──→ 妊娠紋專用

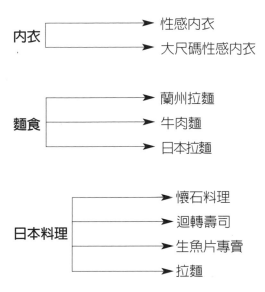

內衣 ➤ 性感內衣
➤ 大尺碼性感內衣

麵食 ➤ 蘭州拉麵
➤ 牛肉麵
➤ 日本拉麵

日本料理 ➤ 懷石料理
➤ 迴轉壽司
➤ 生魚片專賣
➤ 拉麵

開店的大盲點：

想一網打盡所有的消費者，最後會失去所有的消費者。

五、打高賣低的另類思考

前面所談的是將一般大眾化商品加強其對於特殊市場對象的特殊性，因而增加其附加價值，提高價格，增加利潤。但是也有一種逆向操作的方法，將只有特殊市場對象或特殊場合才可以享受到的商品平民化、平價化。

我家牛排將原本是高級西餐廳的牛排一般化及普及化；台北市南京西路圓環的小巷亭則是首開將昂貴的日本料理店平價化；魚僮小舖則是將日本生魚片飯平民小店化；另外85度C則是將五星級飯店才可以享受的蛋糕普及化；年菜市場則是將知名大師傅的料理家庭化、宅配化。

M型社會雖然成形，但是普羅大眾仍是消費市場上的多數，如果能將原本高毛利的商品普及化，依然有不錯的利基和利潤。

奢華平價風就是將頂級或五星級水準的商品平價化、一般化，如牛排、蛋糕、日本料理、壽司、義大利麵等讓一般人都能享受。

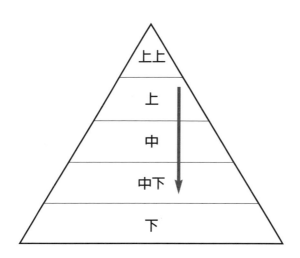

因小而能大，因專而能強。

野心太大，面面俱到，結果什麼都行，什麼也都不行。

Chapter 3

破除傳統開店的迷思

破除傳統開店的迷思

每個行業都有一個「理所當然」的經營模式和營運結構，這種模式和結構長久以來都被認為是「成功」不可違抗的法則。

譬如開一家餐廳，物料成本不得高於營業額的30％，人事成本不得超過30％，房租不得超過10％，水電等5％，廣告費5％，其他雜支 5％，淨利15％，如果某項成本超過這個比例，那麼就是管理控制錯誤，如此就沒有利潤，也沒有長久經營的條件。

◎打破習以為常的經營原則

但是最近有一些異軍突起經營成功的黑馬，卻打破了這

個不可違背，如聖經般的鐵則。

據知，最近在市場勝出的高級藝術日式料理店及吃到飽的大型日式Buffet，它們以物料成本超出三成，甚至接近五成的比例，大膽運用好的食材為競爭力核心，讓其他日本料理店無法與之相抗衡。

由於生意特別興隆、業績衝高的關係，使其他如人事成本及房租成本等相對的降低，甚至供物料日本因大量進貨也跟著降低，因此仍然保持著一定比例的利潤。

但是由於這種經營結構的轉變，使得其他競爭對手無法與之抗衡，甚至因而改變了日本料理餐飲界的普遍經營法則。

◎突破傳統的經營模式

元祖食品在台灣最風光的時期莫過於創造了「雪餅」這個商品。突破了傳統月餅的烘焙模式，以餅皮中有冰淇淋新商品切入中秋的兒童市場。

然而能夠創造出中秋節販賣超出30萬盒的紀錄原因有二：第一，不僅以雪餅進入兒童市場，更主動搶攻傳統月餅市場，以兩種包裝組合，加上兩種廣告影片分別搶攻兒童與媽媽，及訴求和傳統烘焙月餅不同而搶攻傳統購買月餅的送

禮市場。

第二爲拓寬通路，原來元祖食品在全台灣只有30幾個直營門市而已，許多沒有元祖門市的鄉鎮根本就沒有辦法買到被廣告所吸引的商品，因此元祖食品突破傳統的徵求全台灣各鄉鎮中秋節的經銷商，有一樓店面及合標準設備冰櫃者皆可爲中秋雪餅的經銷商。

這樣的策略讓全台灣販售據點增加了兩倍，當然業績也就倍增。

在星巴克入台之後，老牌的咖啡紛紛敗退棄降，壹咖啡以35元也可以喝到好咖啡在咖啡店市場中突破傳統經營模式。

爲什麼咖啡店一定要提供舒適悠閒、可以聊天、可以閱讀、可以讓人無限上網的空間呢？爲什麼投資一家咖啡店一定要四、五百萬元，要四、五年才可回收呢？爲什麼低成本的咖啡要賣高價呢？

以35元的外帶好咖啡爲訴求，突破傳統經營咖啡店的模式，創造出300家以上的連鎖新事業。

「世間唯一永恆的，就是改變。」──赫拉克力達斯

藍海策略就是創意的區隔策略，就是尋找市場利基第一的策略。

一、不斷增加「附加服務」的迷思

「盡可能滿足消費者的需求」曾是行銷學的鐵律，要求我們把消費者當作King來侍候。

然而消費者的要求是無止境的，不但要求商品要好，消費環境要舒適，地點要方便，服務要周到，還要有售後服務和保證，價錢要低，而且低了還要再低，並且還要經常辦促銷活動與貴賓優惠。

不斷的增加附加服務，滿足消費者不斷的要求，同樣的，競爭對手也在做和你同樣的努力，因此相對地競爭力並不見得增加，然而成本卻不斷的增加，利潤不斷縮水；經營愈來愈完美，消費者也愈來愈高興，可是經營卻愈來愈困難。

在我教授開店創業有關課程的時代，經常有學生提問，市場上各行各業不僅有競爭對手，而且三步五步就有一家相同的店，那麼要選擇哪一種行業創業呢？

是啊，各種行業都有競爭對手，而且競爭激烈，從洗衣店、服裝店、冰店、兒童語文補習班、安親班、咖啡店、便

當店、海產店、烤肉店、牛排館、眼鏡店、美容SPA、美髮院等，雖然到處都有競爭對手，但是90％所提供的服務都非常類似，也就是所謂的同質性。

　　為了求生存，爭市場，都不斷地努力提高品質，改進服務態度、提供最好及最專業的商品，選擇最好的商圈，人潮最多的店面，因此各種營運成本及投資金額不斷增高，物料成本、人事費用、房租、廣告促銷費用，不斷加碼，在成本不斷提高之下，毛利卻不斷降低，甚至同行在同質的激烈競爭下，不惜降價或以血本無歸的自殺方法，企圖逼死競爭對手。

　　各位創業、開店的朋友們，你們仔細想一想，台灣這個市場是不是這樣子呢？

· 服飾店中是不是有一些在打五折、六折，甚至一折的折扣戰？

· 洗衣店是不是有一些在打九折、八折的折扣戰中互相廝殺？

· 喜餅業者是不是不惜以五折競價？

· 電器業者是不是有不惜以破盤價或是大贈送進行割喉戰呢？

◎「附加價值」有其限制

「附加價值」（Added Value）這個名詞，一般稍有經營概念的人都知道，要在同質競爭的市場裡贏過競爭對手，就必須提供給消費者競爭對手所沒有的更多消費價值，或商品本身之外的額外價值。

舉例來說，要開一家咖啡店，除了要提供品質超好的咖啡之外，更要提供消費者舒適、能多喝咖啡的空間，還要有格調與品味的裝潢、清潔、衛生，服務態度更是不用說，絕對要有一定的競爭水準，最好咖啡店還要坐落在人潮洶湧的黃金地段。

一個咖啡店如此投資下來至少得四、五百萬元，這樣的大投資卻只賣一杯75元的咖啡，而且客人可以來店一坐就是佔據一個寸土寸金的「空間」兩、三個小時。

在這樣的競爭策略之下，你的營運成本不斷增加，可是價格卻抬不起來，甚至還為了吸引客人促銷降價。

在這種策略結構下進行競爭，每單位交易業績的毛利當然是愈來愈小。為了支撐愈來愈增高的成本支出，唯有把業績數量增加，才能保有一定的利潤，或者只是維持損益平衡。

但是為了增加市場佔有率，可能又得增加廣告促銷費，

如此循環下來，每一個行業都只能賺取「微利」，因此大部分的經營者都慨嘆經濟不景氣，或者是說這是一個微利的時代。

◎競爭力不升反降

不管在學校裡，或各種管理訓練課程裡，或聽管理專家、創業專家們的諮詢和指導，我們長久以來都被灌輸一個錯誤的觀念，就是要盡量而且不斷地提供最好的商品與服務給消費者，然而這種完美主義的迷思，卻讓我們無法創造更有競爭力的創業家。

大家都在全方位的提升自己的「競爭力」，可是反而競爭力下降，獲利率下降，企業的經營真的是愈來愈難，消費者卻是愈來愈難滿足，不但要求一流的商品，更要一流的服務、更便宜的價錢。

每個企業家都絞盡腦汁，疲於奔命，有毅力者、不死心者仍繼續經營，灰心者或自認為有遠見者，則移往新興市場。

對於開店而言，消費者不一定永遠是對的。

找出自己商品的特色，比一窩蜂的削價競爭更重要。

二、追求完美，結果卻是破滅？

「追求完美，結果就是破滅。」這是我在創業課程中經常提醒學員的一句話。

如果一個事業體遇到經營上的問題，一般的顧問大都會在各方面找出經營上的問題，並企圖提供與建構一個完美的經營方案。從商品的生產品質、成本、作業流程、商品包裝、命名、廣告、促銷、價格、通路、銷售、售後服務、內部管理、教育訓練、人員薪資、獎勵、福利……企圖在每一個環節上找問題，並且找出最理想的方案。

然而畢竟每一家公司不可能像Google一樣，公司競爭力強、獲利高，更是市場股王，員工福利也好到不行：員工可以彈性上班，還可以有免費的美食盡情享用，更可以有免費的員工洗衣部、健身房……追求管理上的完美，成本就不斷的上揚，利潤就不斷萎縮。

如果在每一個環節上追求完美，卻沒有找到市場生存與獲利的核心，那麼追求完美的結果就只會帶來破滅。

◎小店的企業本質

台灣90％的店都是小店，都是所謂的自家人經營的家庭模式。因為規模小，最適合自家人經營，夫婦、兄弟姊妹或者父母、子女一起創業，也一起就業。由於是自家人經營，因此盡量節省聘用他人之費用，食材和開銷也都盡量節約，因為省下的一分一毛都是鑽到自己口袋裡。

如果只是一個純粹投資者，並不參與實際經營或整個店委任店長或他人經營，那麼情況可就不一樣。其中最重要的差別是員工的心態問題。

一般員工總希望不要負擔太多的責任，而且希望愈多人來協助一份工作，如果工作可以推託給他人做，那麼盡量由別人先忙著做，因此員工最喜歡要求的事，不是「薪資」，因為薪資是在還沒來上班前就已經談妥的了，而是要求加用人。經常抱怨工作太多、做不來、要求增人，人多雖然好辦事，可是卻也增加了薪資費用，減少了利潤。

企業管理的「完美」分工組織的概念，有時候並不適用於微型事業。

一個小公司要有許多的經理、業務經理、公關經理、廣告經理、企劃部經理，管理處之下還有總務、會計、出納、人力資源等部門。一個小公司有些部門應該合併，有時候要

由一個人負責幾個不同工作。

　　一個小店也是一樣，不可能有會計、有出納、有外場服務生、有清潔員、有服務組經理、有總廚師、有行政主廚、有廚房助理……外場人員兼做收款員、清潔員，老闆做採購兼廚師或廚房助理，盡量一人身兼數職……這就是微型企業的本質。

◎滿足了消費者，卻苦了業者

　　開一家牛肉麵店，要坐落在好的地段，房租一定貴；要給消費者舒適的空間，要投入一定的裝潢費用，若要完全滿足消費者的要求，牛肉麵要好吃、大碗又便宜，在用餐巔峰時間，為了提供快速的服務，一定要加派人手，還要有足夠的空間和座椅，這樣子完美的組合，滿足了消費者，可是卻苦了業者。

　　像這樣盡其所能的提供超完美服務，結果只有「賠錢」。

　　我們聽說過在台北市愛國東路有個老兵在賣牛肉麵，是在路邊一個破房子裡，裝潢不好，要吃一碗牛肉麵，還要等個數小時，更由於人手不足，吃過的碗沒人收拾，客人還得自己清理桌面，雖然沒有提供「完美的服務」，可是生意興

隆，雖然沒有所謂現代化經營的組合，可是卻在最低成本的經營下賺了大錢。

我們經常可以看到，服務不佳、地點不好、價格偏高、又沒有好的消費空間，但是卻生意興隆的人氣店。其生意好的主因，就只靠產品特別，並且具有唯一性。

我們也可以看到坐落在好地段如車站旁、夜市旁、戲院旁等人潮洶湧的店或小攤販，即使提供的商品不佳，也不衛生，服務態度也爛，可是卻擁有低租金或免租金的優勢，他們一樣賺大錢。

這些個案，不只是因為他們提供了消費者特定需要的服務，而是因為他們掌握了成功的核心優勢。

◎小店致勝的關鍵

尤其是微型事業的創業者，你必須把你的資源投資在「主要的致勝因素」上，其他次要的因素則只要達到60分以上即可。

做生意首重「投資報酬率」，投資的資本需要多久才能回收是首要，規模大小或是有沒有格調都是其次。

假如投資一家高級咖啡店的資金要四百萬，需要四、五年才能回收，投資一家85度C的資金要五百萬，兩年回收，

那麼當然選擇投資85度C。假如投資一家壹咖啡小店要80萬，但是一年半就能回收了，那麼我當然選擇壹咖啡。

投資報酬率和投資金額大小並不是成正比的，不一定投資金額愈高，投資報酬率愈大。

掌握小店的優勢，成功指日可待。

小店與大公司的企業本質不同，如果小店也一味追求每個環節的完美，只會讓自己難以經營。

三、抓住趨勢，
必須同時創造「獨特性」

抓住趨勢（Trend）是創業成功的勝利關鍵，但是一個熱門趨勢產業一定會產生許多的跟進者，大家搶搭趨勢就變成搶搭熱潮，造成一窩蜂的現象。

在健康意識抬頭的趨勢下，有機食品、生技產品搶先推出，有機食品店、美容SPA館、腳底按摩店，一下子就到處林立。

大家一窩蜂的模仿Copy，結果市面上一下子就快速林立各種同質性的店。就如幾年前的有機食品店，短短兩至三年內，台灣市場一下子就冒出了1000多家。大家一窩蜂開店創業，結果到底有多少家是賺錢的呢？

◎「搶進市場」和「一窩蜂」不同

雖然這些創業者搶搭正確的消費趨勢，也進入了一個有潛力的市場，但是，假如沒有「差異化」與「獨特化」，進

入熱門市場一樣會被淘汰。

就如外食的早餐市場，幾乎有40％以上的上班族，早上沒有在家裡吃早餐，因此外帶早餐就成爲一個趨勢。這個市場有150億以上商機，搶進這個市場絕對是搭對的列車，掌握了錢潮。

然而市場上有高達七、八千家幾乎是同質性的美式三明治店，即使你搶搭對了趨勢列車，可是你卻踏入「同質化」的錯誤，同質化的結果就是沒有競爭力。

午餐外食市場是一個龐大的商機，但是如果你同樣是推出排骨便當、雞腿便當、魚排便當……那麼即使你進入這一個400億的市場，你仍然沒有成功的希望。

「差異化」是在同質化市場中的不二法門，在一片美式三明治的你爭我奪紅海市場中，傳香米飯糰就殺出一片藍海來。

在一片池上便當、傳統便當之中，鐵路便當、懷舊便當、日式便當 也同樣走出一片自己的藍海來。

在星巴克、客喜康、丹堤……等一片咖啡店的紅海市場中，壹咖啡的35元咖啡也走出一片自己的天空。

◎如何展現「差異化」？

掌握趨勢和搶一窩蜂熱潮是不一樣的，掌握了趨勢，就表示你進入了一片光明、有發展潛力的市場，但是你絕對不能一昧的模仿別人，必須要有差異化的定位和競爭者做區隔。

差異化的定位，大致上有幾個策略的運用：

星巴克的競爭定位在於，它不僅僅是提供高品質的咖啡，更是提供給忙碌的現代人一個難得的休閒空間，因此星巴克所販賣的不僅僅是商品，而是「人性空間」這一個附加價值。

35元的壹咖啡，提供最儉約的服務，但是卻能提供和連鎖咖啡店同樣高品質的咖啡，其核心競爭力的定位在於低價和高品質的咖啡，其致勝的原因在於和一般咖啡店有不同的區隔。

雖然兩種產品在形式上相差不遠，但是實際消費群卻不相同，消費需求不同、服務定位不同。

星巴克提供的高品質附加價值為「你除了辦公室及住家以外，你還能擁有的第三空間」，提供的附加價值是「休閒空間」和「心情」，而壹咖啡則是「快速方便、便宜的好咖

啡」。

另外，這兩年剛竄起的85度C則以提供五星級的蛋糕為咖啡的附加價值。台北市有一家真正的咖啡專門店「老樹」，專門提供給咖啡品賞家高品質、高價位的好咖啡，當然我們也可以在路邊或泡沫紅茶小舖喝到一杯10元至30元的即溶熱咖啡或冰咖啡。

◎熱潮不等於錢潮

同樣一種產品，因為針對不同的市場或消費需求，賦予產品有不同的定位及附加價值，這就是所謂的定位，也就是所謂的藍海。在競爭激烈的市場外另闢一個敵人無法攻克的堡壘。

台灣因應國際化的大趨勢潮流，流利的英文成為一個「國際人」必備條件，因此在市場上就有許多英文補習班出現，兒童英文補習班、托福補習班、升學英文補習班、成人美語補習班等。

針對不同的年齡層、不同的目的所做的市場區隔，另外針對不同的教學方法，也有所謂蒙特梭利教學法、TESL（Teaching English As Second Language）、Berlitz母語教學

法、情境教學法（SLT）等……針對成人美語用途，又可區隔爲：商業英文、會話英文、旅遊英文……

　　一種趨勢行業既然被認定爲一種商機，市場上一定會有一窩蜂的搶進者，這個行業也會快速成長、快速的飽和；一個飽和的市場一定會產生殺價促銷的流血戰，如果沒有明顯的獨特定位或提供競爭者所沒有的附加價值，最後不堪殺價流血者，必將以死亡退出市場。

◎尋求趨勢的藍海

　　跟著趨勢走是正確的，但絕對不是以相同的競爭模式來相互惡鬥，應該以不同經營形式、不同定位，尋求自己的藍海。

　　台灣的連鎖店歷史中出現過洗衣店連鎖、蛋塔旋風、日本拉麵風潮、咖啡店、日式燒烤、自助火鍋、兒童語文補習班……等，每一次的開店熱潮，都是搭到了趨勢列車，但是在每一波風潮下，不知有多少人在惡性競爭中血本無歸？創業者請多多思考。

成功沒有千古不變的法則，因應變化才是鐵律。

向傳統學習堅持和專業的執著，但是必須因應時代，給予新的詮釋和新的活力。

四、如果創意很容易被模仿，就不是創意

創意（Creativity）是擺脫競爭者，創造差異化的核心。

創意當然不是跟隨先進者，或模仿同業者。創意也絕對不是天馬行空的發揮想像力，更不是創業者滿足自我創造的作品，創意是以滿足消費者的需求為依歸。

如果「創意」沒有市場的話，那麼創意只不過是自瀆者自我滿足的作品。創意也必須有獨特性，如果沒有獨特性，那麼創意只是在作怪、搞噱頭。創意的另一種特性是不容易被模仿，如果「創意」的成果很容易被跟進，那麼這不是一個值錢的創意。

像市場上常見有取名為「麵麵俱到」的麵食店、「我餓門」快餐店、「滿臉豆花」的點心豆花店，光看這些名字，就知道這些店沒有獨特性。雖然店名滿有創意的，但是這種創意沒有意義。

也有些店家，讓服務生扮作古代店小二的樣子，或者扮成兔女郎的樣子，或者有奇怪的裝潢，如讓客人在囚室裡用

餐等，這些都只能說是「點子」（Idea），並不是「創意」，「點子」只是暫時的吸引大家的注意，但並不是消費者的真正需求。

要如何檢視一種創意是否為消費者真正或者長久的需求呢？

創意是一種突破傳統的形式變化

行動咖啡車、35元外帶咖啡、85度C咖啡、網路書店、網路商店、中餐西吃、日菜西吃、熱炒100、吃到飽的Buffet都是一種突破傳統的經營方式。

但真正的「創意」是一種經營模式的變化，絕對不是「小點子」的差異，如人員服裝、商店形象、招牌的設計、裝潢上的不同而已，這種差異只能稱之為水平式的差異，這種差異沒有辦法創造出競爭的絕對優勢。

柯達軟片、富士軟片相互標榜各自商品在感光度、色差等的優異性，但是這種強調些微差異的點子，沒有辦法徹底的打敗競爭對手奪得勝利，永遠陷入你爭我奪、互相拉扯的泥沼戰中。

但是數位相機的發明就不只是一種點子，而是真正的

「創意」。因為它提供新的科技、新的便利,徹底的打敗了傳統相機跟軟片;就像在通用汽車或福特汽車業績的股價往下滑時,福斯汽車和BMW汽車卻業績長紅,股價上飆,原因是福斯汽車推出了省油柴油汽車,BMW則推出了無鎖鑰開動系統,這兩種創意改變了過去「操作汽車」的模式,也改變了市場法則。

藍心湄KiKi的創意四川菜也改變了傳統中餐的經營形式,而且西式裝潢的服務方式,也符合了現在年輕人的口味。

飛魚香腸、黑鮪魚香腸、鮑魚香腸等,改變了傳統香腸的觀念。為什麼香腸一定只能是豬肉呢?即便最優的也不過是「黑豬肉」而已,然而「新概念」香腸打破了中國數百年製造香腸的模式。

蒙古人利用騎兵戰術,打破了傳統步兵的戰法,因此橫掃歐、亞兩洲。美國人在二次大戰打敗了頑強的日本,所靠的也是一種突破性的武器──原子彈。

在原有形式的經營基礎上做些改變或增加經營效率,只能少贏或暫贏,這種優勢很快就會被跟上或跟進。

譬如經營一家咖啡店,只在服務人員的態度、店內裝潢、咖啡口味上等力求勝出,這種勝出只能被稱作管理效能

（Operation Efficiency）的增加，很容易被學會，也沒什麼了不起，稍有管理概念的同業競爭者只要用心些、努力些、專業些就能趕上，但是一種新形式的改變卻能掀起經營革命上的大變化。

85度C把五星級飯店的蛋糕擺在美美的櫥窗裡，加上咖啡，在兩年內創造近250家店及近40億的業績，這才真的是一種經營上的創新。

「加盟」也是一種突破傳統直營連鎖的革命性變化，利用成功創造「know-How」授權給創業者，快速的Copy成功經營模式，是一種突破式的創意經營法。

真正的創意人跳脫了原來的經營曲線，創造出一種新形式。

超越的新形式

傳統經營形式

同樣的，「傳銷」、「直效行銷」也曾經是突破傳統的經營方式。

e-book、遠距教學（Long Distance Education）、網路教學（Web-Site Training）也都是突破傳統的「教學」方法。

達美樂披薩30分鐘外送到家，也是一種新的商店經營法。104人力銀行利用網路替企業尋找人才，替求職者尋找就業機會，打破了以往利用報紙媒介尋人、求職的傳統方式。

新的「創意」有朝一日也會變成傳統或過去式，就如小歇茶坊一樣，曾經是年輕人聊天聚會的好場所，泡沫紅茶也曾是時髦的玩意，但是一來不敵現代化的咖啡連鎖店，二來也敵不過投資成本低、提供方便快速的休閒小站，而漸趨沒落。

另外如「發財金」也是一種不得了的創意，打破了百年來金紙的形式。

創意的限制和法則

這種徹底的形式變化，看來好似一種突發式的、沒有法

則的發想，但是實際卻是有幾個可遵守的法則性：

1.明確的市場及趨勢的變化——

新經營形式的革命，經常是因應時代的變化，譬如外食市場的蓬勃。

由於店面經營成本高漲，忙碌的現代人講求更快速、更方便的外食而帶動了「外送」或「外帶」。

國際化的趨勢帶動語文教學市場的蓬勃發展，高齡化社會造就了老年人口的商機，健康意識抬頭帶動了健康食品、有機食品、運動保健用品的商機……各種的創意必須建立在這個基礎上。

如果創意是沒有未來、沒有市場的，怎麼能稱為有用的創意呢？

2.尋找不同的市場區隔與需求——

在喜餅的市場，區隔為中式、台式、西式、歐式、法式、日式等不同風格，在各自的領域裡獨領風騷。在咖啡市場，創造高品質卻低價的35元咖啡，創造五星級飯店的蛋糕加咖啡的85度C，在燒烤市場切入「新疆燒烤」，在火鍋市場中創造一家蒙古小肥羊鍋，在便當市場上創造出「手抓飯」

便當。

　　在一個市場大餅中，利用「創意」尋找利基，脫離競爭，另闢自己的天空，這才叫做創意。

　　真正的創意不是創造在紅海中和敵人廝殺的武器，而是創造一個敵人無法入侵的天地。

　　台灣的嬰兒出生率這十年來一直持續下降，從民國89年的每年45萬個嬰兒出生，一直到民國95年只有42萬個嬰兒出生，出生率雖然下降，但是幼稚園與安親班卻從民國89年的300家，增加到3000家。

　　十年裡，嬰兒人數減少了，可是競爭市場卻增加，在這樣市場萎縮的市場，如何創造商機？雖然如此，高價位、高品質的兒童安親市場業績卻每年增加中。其原因就在於台灣的家庭少子，因此相對可用於每位小孩的支出增加，對小孩子的期望也更高了。每個月可以負擔兩萬五千元以上安親班學費的家長不在少數，因此優良的、高價的安親班，生意仍然興隆不衰。

　　所謂的「紅海」是指一群同質的事業體或是商品集中在一個相同的市場中互相廝殺得你死我活，所謂的「藍海」其實就是指區隔的概念，其中包括有：市場區域區隔、消費群區隔、心理區隔、品牌區隔、經營模式、服務方式、價位等

區隔。

35元咖啡和星巴克、丹堤、客喜康、IS COFFEE等的差異就是定位上的差異，針對不同的消費群、不同的需求，換取不同的價位和服務方式，完全脫離了「咖啡店」競爭的藍海。

3.優勢的差異化經營模式──

二十年前，當「牛排」仍是高級料理的代名詞時，我家牛排、孫東寶牛排就以平價的方式讓大家都可以吃到「牛排」。奢侈品低賣的方式突破傳統「牛排館」為高級西餐廳的定位和經營模式。

曾經是世界最大的個人電腦廠商Dell電腦突破了傳統的面對面的人員行銷方式，以「網路」訂貨的直銷方式創造了電腦銷售方式的藍海。

世界最大的網路書店Amazon建立了網路書店，打敗世界第一連鎖書店Barnes & Noble。

東森電視購物在台灣創造了每年近350億的業績。利用電視購物的新行銷手法，創造了一片「藍海」。

Berlitz語文機構的一對一（One on One）教學方式。一個教師對一位學生，突破了市場上大多數業者集體上課的大班

制教學法。

　　池上便當以外帶、外送為主，在地段好、店租成本高漲的經營環境下，以不提供用餐空間，減少裝潢店面成本的經營方式，在外食市場上另闢一片創新的經營模式。

　　但是，即使是創意的「藍海」，若不推陳出新，有一天藍海也會被染成紅海。

　　模仿者會競相進入市場，技術上或經營的know-How也會被學習，不久之後，原本一望無際的藍海又會變成互相廝殺、血流成河的紅海。

　　20年前，「湘園」餐廳首創了「吃到飽」的策略，曾是創業的藍海，但後來許多競爭者爭相仿效，這種價位利基不久就消失了。目前市面上到處都有吃到飽的火鍋、烤肉、自助餐……等，隨著時間變遷大家跟隨模仿，不久之後，創意的利基就會消失。

　　最好的創意就是競爭者不容易模仿的，行銷學上所謂的U. S. P（Unique Selling Proposition）獨特銷售主張，其意義在說明一個新商品或新事業，必須要提供給消費群競爭者所沒有的利益點，也就是滿足消費者的獨特主張，但這個主張和定位，必須是唯一的、獨特的，而且是競爭對手無法在短時間內模仿的。

假如你所自認為的「創意」，競爭者很容易跟進，那就表示這個新創意沒有「創意」。

4.利用品牌為差異化的創意──

超級市場內數萬種到數十萬種商品，以同類的商品來說，選擇不只三、五種，甚至數十種，消費者在消費時大部分不會去看在包裝盒上所標示的商品成分和內容物，大部分消費者在同樣價位上，都會選擇知名的或自我認同高的品牌。

7-ELEVEN的排骨便當、雞腿便當在更新包裝後，以福隆便當、奮起湖便當、旗津便當……重新出發，業績上升了20％。新命名，新包裝賦予了一般便當新的生命，新的情感以及提升了它的價值。

同樣的產品附加了故事，讓產品有了人文和歷史，創造了品牌的生命，這也是一種「創意」。

許多知名的廠商與名店都會利用這種品牌故事的手法製造「品牌」的價值。

5.創意的專業必須是能展延的──

　　創意的啓發必須要是專業的、獨特的，譬如一家火鍋店有獨門的配方、獨門的湯頭，滷味店有祖傳的滷汁，服裝店有獨具美感的專業設計師，語文補習班有獨特的教學方法，咖啡店有獨特的調製咖啡的方法……唯有專業才能在競爭群中勝出。

　　然而「專業」的東西必須要能展延、複製，假如獨特的湯汁祕方很難調製，或者只有一個人才能完成，那麼這樣子的「獨特性」就無法「商業化」。

　　創意的東西不能只是一幅手工畫，全世界唯有一幅，或一套獨特風格的設計服裝，全世界只有一套。

　　雖然是全世界唯一的，但是不符合商業化大量複製或大量生產的原則，所以即使是獨門配方，但是也必須可以大量或多量生產，如果製程太過複雜或太過專業無法多量化，這個創意就缺乏「商業的價值」。

6.「創意」必須是可以獲利的──

　　創意的目的雖然是要滿足消費者的需求，在市場中勝出，但最終的目的是要「獲利」。

　　創意的目的不只是要滿足自我，而是要「獲利」，沒有獲利，創意是無用的。

　有創意的東西太過複雜或成本過高，雖然有很好的創意，可是因為成本太高，不符合消費者需求的價位，沒有市場，這樣的創意也沒有商業性。

　世界汽車大廠都擁有製造太陽能汽車的技術；但是因為生產成本高，市場太小，這種「創意」離「商業化」仍還有一段距離。

　我們經常在電視上或網路上看到一些某行某業的達人，他們所生產的產品非常講究，也非常專業。

　譬如生產一碗魚麵，其中的每一樣食材都不馬虎，要挑選最新鮮的正黃魚肉，和著最好吃的蕎麥粉研製，湯頭又要精選真正烏骨雞的雞骨熬製的湯頭，湯上所撒的芝麻、青蔥也要特別精選，甚至鹽巴也要講究，一定要用竹鹽等，這樣的專業和投入，當然會做出一碗味道特好的魚麵，但是也因為投入的成本太高，售價也必須要很高，也無法大量生產，導致一般消費人眾無法享用。倘若提高售價，消費者太少，又沒市場性。

　因此達人的專業性產品只能限制在家裡生產，只能提供少數的熟客使用，如果沒有考慮到「商業性」、「獲利性」，「達人」就只能成為完成自我的達人，不能成為一個會賺錢的「商人」。

最近台北每一年都舉辦牛肉麵比賽，其中有一組是創意組的比賽，得獎的前幾名都是非常有創意，如第一名為每杯裝兩百元的涮牛肉冷麵，亞軍為「台北野菜牛肉麵」，是以Q度十足的墨魚麵配上醬燒牛肉片，其配方為以肥三瘦七的澳洲牛五花肉切成條狀，先煎過，再以肉桂、花椒、五香粉、洋蔥、薑、蒜等滷煮兩小時以上，片成薄片而成，另再拌入龍鬚菜、山藥、黃秋葵、秀珍菇等，每日限產30碗，每碗售價190元。

另外還有「牛爸爸」一碗10,000元的牛肉麵，光是煮2碗牛肉麵，肉品成本就得花5000元，真是元首級的牛肉麵啊！但是這些具有創意的達人牛肉麵真有市場性、真可獲利嗎？還是目的只在炒新聞呢？

在此提出一個問題供大家思考：美食烹飪比賽的冠軍到處有，但是有幾個最後開店做生意賺錢的呢？

有時候早上匆忙，我會在路上的美式三明治連鎖店買一份25元的三明治。三片斜切對半的薄薄白吐司，夾著一點點小黃瓜、不到半顆蛋的煎蛋，加上絕對不是真料的美乃滋，以及很難吃的漢堡肉。

我有時心裡想：難道沒有人有更好的創意，做出更好吃、更符合市場需求的三明治嗎？答案當然是一定有的，一

定有人可以製作出更美味、營養的三明治，但是成本是否會太高？售價是否會太高？是否沒有普遍的市場接受性呢？是否沒有獲利性？如果這種我認為Cheap的三明治沒有市場性、沒有獲利性，那麼全台灣像這樣的美式三明治店為什麼至少有五、六千家呢？

「創意」絕對不是一種「創作」，必須負有「市場性」與「獲利性」的責任。

區隔的「定位」有很多種方法，可依年齡、性別、心理與品牌認同、地域、價位、品質、產品特性、商品組合……等創造出獨特的經營主張來，因此「定位」本來就是一種創意，有人更說定位就是一種藝術。

但是「定位」必須具有客觀的市場性、有獨特差異性，必須是可展延的，必須是有獲利性的。

在2007年的連鎖加盟大展中，出現了一些非常有「創意」的小店及攤子，如海苔烤玉米，聲稱有特別的口感，是新潮的玉米吃法，把玉米沾粉後熱油炸過，然後撒上海苔或鹽酥、咖哩粉、花生粉、蒜香、椰香粉等，賣相看來不錯，很特別，口感也不錯。

另外還有稱為天下第一味的焦糖蘋果，將一顆蘋果外裹上焦糖，再撒上彩色巧克力或杏仁片、花粉粒、軟糖等，也

是非常有「創意」。

　　但是不是稱得上是有商業性的創意呢？是否有客觀的市場空間呢？是不是不容易被模仿呢？大家就用以上的一些法則加以研判，並假以時間來觀察吧！

　　每一年的加盟連鎖大展，總可以看到一些新創意的「生意」或「小店」出現，但是隔年後，大部分這些創意店就消失了，其消失的原因大部分就如十年前「蛋塔」旋風的消失是一樣的。缺乏客觀的市場、缺乏獨特的主張及不輕易的被模仿性。

　　「蛋塔」的市場在哪裡？是早餐市場、午餐市場，還是點心市場呢？沒有一個可以長久持續存在的消費市場，沒有消費者持續消費的理由和主張，還有非常容易的被複製。全台蛋塔店最多時曾經有三百多家，大家一窩蜂搶熱潮，也一窩蜂的關門大吉。

　　有些創意生意有明顯的市場基礎，也有獨特性，但由於經營模式不對，無法生存於市場。如同十二、三年前的天津狗不理包子，雖然上市之後沒多久全台也有百家加盟店，但是不久就消失在市場上了。

　　包子的市場是有的，打著「狗不理」包子也有獨特性，但是「包子」的利潤微薄，價格低，大多只適合房租低的小

店、小攤子或行動餐車來經營。開個大店面賣包子,除非名氣大,生意超好,否則經營模式錯誤,成本太高,無獲利空間,好的創意也會失敗。

蚵仔麵線雖然也有如台北西門町的阿宗麵線以及在台北SOGO後黃金店面的小林麵線;除非你的麵線很有知名度及特色,阿宗及小林都是獨特的「名店」例子,「名店」就是只能開一家、兩家,但是缺乏標準化及普遍性,當然要成為連鎖就有其困難。

創意絕對不是天馬行空。

創意的開店新方法和市場區隔是科學的,也是藝術的。

Chapter 4

外行人開店創大業
的時代

外行人開店創大業的時代

一、商店經營新輪迴、新觀念

◎新服務業的三大發展方向

新一波的服務業（亦即p108圖的第五階段），將朝兩極方向發展，一是朝簡化量化、大型化發展。為節省成本，增加競爭力，簡化服務流程，節省人力，加強e化功能，降低管理成本，增加獲利或者以大量化壟斷、增加談判空間，降低進貨成本，以低價、低成本或者以物超所質為競爭核心。

量販店以最低價為號召；便利店、藥妝店以壟斷市場，降低進貨成本為獲利的條件、吃到飽或物超所值的餐廳則以擴大營業額及進貨量，以降低成本為經營策略。

　　第二方向是增加商品的附加價值（Added Value），諸如增加品牌價值，增加產品外之人性價值，以增加的附加價值提高售價，增加淨利。高級品牌服飾店、精品店、高級餐飲店、健身俱樂部等就是朝這方向經營。

　　除了這兩個方向之外，另外一個異變數就是「一坪商店」或「十坪商店」。以最小的空間，減少人力，用最經濟、最有效率的管理方法的小商店，諸如花店、牛肉麵店、早餐店、麵包店、豆花店、紅茶店、咖啡亭等，以精簡、快速的服務方法提供方便性的商品。

　　如果在台北的東區熱鬧地段還有一間30坪的花店、40坪的牛肉麵店、15坪以上的三明治早餐店，在這種高成本的時代，那麼可以肯定這種店將不久於世了。

　　創新價值的服務業時代已經來臨了，這波新服務業精神將帶給台灣服務業新的經營面貌。讓我們一起期待吧！

商店發展輪迴與再生圖

第五階段

· 特殊化或量化
· 更高專業化或平價化
· 個性化或多樣化
· 高附加價值或大眾化
· 高成本、高毛利或薄利多銷
· 特殊市場對象或壟斷新市場
· 個人化（一對一）時代或小眾行銷
· 與消費者互動更密切或超市化
（生存淘汰競爭的時代──危機即是轉機）

第一階段

· 初始化
· 個人經營
· 初階技術
· 未制度化
· 未標準化
· 簡陋管理

第四階段

· 經營成本增加
· 激烈競爭
· 同質性提高
· 房租高漲，好店面難求
· 利潤下降
· 優勝劣敗
· 獨大局面產生

第三階段

· 大量連鎖化
· 標準化
· 管理制度化
· 優秀人力短缺
· 優勝劣敗
**（連鎖店、商店經營的
黃金時代）**

第二階段

· 現代化管理介入
· 講求形象CIS
· 制度未統一
· 沒有整體行銷概念
· 未標準化

二、分眾時代，多品牌稱霸策略

「永續經營」是舊時代經營的聖則。專心經營一個事業，並以一個品牌滲透不同市場，並求不斷擴充市佔率，尋求一個品牌的永續經營。

分眾市場來臨，企圖以一個品牌搶佔20％或30％以上的市佔率已很難再得。新時代的行銷策略應該對每一個分眾市場提供特別的商品，以滿足不同族群的需求，不但強化競爭力，更加強品牌在特別區隔市場中消費者的認同。

◎鎖定特定消費族群

台灣洗髮精市場中，P&G公司為這個市場的霸主，它以市佔率約11％的海倫仙度絲、9％的潘婷、5％的沙宣、11％的飛柔，利用多種品牌，針對不同消費者訴求不同功能而總和的成為市場領導者。桂格公司針對老人、兒童、婦女等不同族群的消費者，提供特殊的麥粉及奶粉，加總的使其品牌成為市場的領導者。

切割你的市場，並在每一個區分市場中，提供滿足每一個利基的特殊性的商品，並使其成爲領導品牌，然後再使這些多元品牌加總起來，成爲這個大市場的眞正領導者。

第一波服務業時代的行銷理論是：當一個商品在一個市場飽和或沒有擴充空間時，就擴充至其他市場或增加消費者使用時機、使用頻率，就如一家美髮院，在婦女市場飽和後，增加對青少年的服務和促銷訴求，或者增加美髮服務的內容。

品牌的服務對象愈擴大，功能愈擴大，品牌對特定消費者的魅力就愈模糊、愈薄弱，消費者的認同度就愈低，品牌的競爭力也就愈低了。

◎創造多品牌，佔有市場

不斷創造新品牌，以滿足不同族群的需求，這是基本創造品牌的策略。如果沒有方法在短時間內增加新品牌，那麼就採取品牌併購策略，如萊雅和P&G就因如此而成爲化妝品及日用品的國際領導品牌。

台灣的王品集團，發展出台塑牛小排、陶板屋、原燒燒肉店、西堤牛排等；爭鮮關係企業則有爭鮮迴轉壽司、爭鮮日式火鍋、鳥太郎迴轉燒烤、定食8、有勁蘭州拉麵。

展圓國際發展出麻布茶坊、代官山、蛋蛋屋、元定食、銀座洋子等；麥味登則發展出麥味登早餐、冰堂冰品、東西正點複合餐、炸雞大師；大成集團之岩島成、大成家、勝博殿等……

　　他們以多品牌來瓜分市場，並且減少風險，這個策略也就正如 Ram Charan和Noel M. Tichy在《Make Every Business Is a Growth Business》中指出企業持續成長的策略：把目前的企業放大到一個比目前市場大十倍的池子裡。

◎放大自己v.s.限制自己

　　就如王品集團不只是把自己放在牛排西餐的市場池子裡，而是把自己放在餐飲業、服務業的大池子裡，事業的版圖就大了十倍。統一集團由麵粉業到食品業到連鎖服務業，企業的定位大了幾十倍。

　　然而這樣還是不夠，還必須把市場切割成一小塊一小塊的，並在每一小塊市場或是每一個小池子中成為領導者。這也正是Michael Porter競爭力大師所說的「限制你自己」（Limit yourself）。

　　只有把自己限制在一個特定市場中，你才可能成為第一，但是只有限制自己或是只有發展一個品牌還是不夠的，

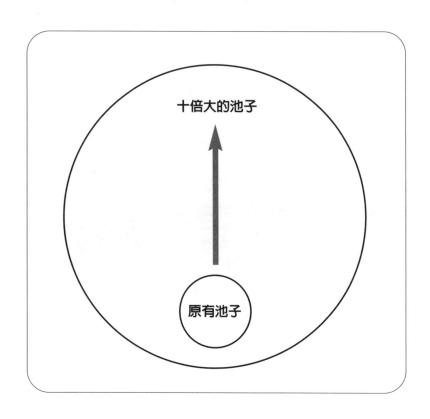

你還是永遠的小，因此只有發展多品牌才能把自己放大，才可以做大。

　　日本Doutor咖啡集團，發展出自助式的Doutor（羅多倫）咖啡；以義大利式方式提供眞正Espresso咖啡的Excelsior

Coffee；以及提供高級咖啡和餐點的Mauka Meadows；販賣咖啡、咖啡豆與器具的Colorado品牌；和坐落在東京銀座地區高價位、高品質的LE CAFÉ Doutor 品牌。三商外食事業部擁有三商巧福、拿坡里披薩，還有最近推出的日式炸豬排「福勝亭」多種品牌。

　　休閒國際集團擁有QK咖啡、休閒小站、喜樂貝爾時尚菓子物語、解渴之道、休閒好茶等品牌。

三、沒有對手的市場，是「沒市場」

　　許多人創業開店抱持著絕對不踏入市場有強勁對手，或有許多同質性競爭者的市場。只要市場上有人在經營就不介入，因為這市場已有競爭對手了，因此絕對要去發掘一個沒有人經營的新市場，或者創造一個別人沒有的「創意」。

　　這樣的觀念，犯了下面幾個必須糾正的思考方式：

1.沒有競爭對手的市場，就是沒市場──

　　已開發中國家如歐、美、日或如台灣的準開發中國家，幾乎各行各業都有競爭對手，不可能有一個市場沒有競爭對手；不僅有競爭對手，而且有一大堆競爭對手。

　　但是有競爭對手就表示這個市場是有潛力的。一個市場沒有多少競爭者，除非這個市場是新興的市場，就如非洲的鞋子市場。但開發一個新興市場，同樣需要冒著很大的風險，和開發市場教育消費者的努力和投資。

　　市場上有許多冰品品牌的連鎖店和單品館，市場競爭是

很大的，光是台灣一年就有200億的市場，因為市場大，大家都看好，所以爭相投入，但是不會因為市場競爭這麼激烈，就沒有新興的成功創業者出現。

「50嵐」不會因為市場上已經有休閒小站或葵可利，所以就沒有市場，倒是因為這個市場被許多新進爭相搶入而證明了這個市場確實存在著，但是卻要有更好、更創新的經營方式，才可能贏過對手。

1996年，作者曾經引進全世界最大的語文機構Berlitz。當初台灣的英文補習市場，不僅兒童美語、成人美語、托福、升學英文都早有強勁的競爭對手。當初Berlitz總部的人來台灣想了解台灣的語文補習市場。我向他們報告台灣的英文補習市場有很多競爭對手，而且已經很激烈，市場的經營難度很高，然而總部的人卻說：「很好！這表示這個事業在台灣有市場。問題是我們如何做得比他們更好，而且要是最好的。」

創業市場上，我們常可以看到一些新奇、有創意的商品店、小攤子，而且都是搶先進入市場，不過大多數都只是快速造成話題、造成吸引力，不久後就煙消雲散，如蛋塔、烤饅頭、泡芙，這些都是典型沒辦法承受市場考驗的創意創業點子。

2.向競爭者學習——

謝謝競爭者先在這個市場中做了實驗,我們可以蒐集、了解、研究競爭對手的經營模式,成功失敗的原因,獲利狀況,困難和障礙,作為我們改進、學習之處。

前輩的前車之鑑可以讓我們減少摸索的時間、減少風險。向競爭者學習,然後超前競爭對手。

如果沒有一個成功的先例,那麼要在這個市場中憑空創造、摸索,可能要經過長久的錯誤學習,才能學到成功之鑰,這種代價經常是慘痛,成本是非常高的。

不要把競爭者當敵人,應該抱持著向競爭者學習的心,如此才能客觀、理性的找出成功之道。

3.超越競爭對手——

學習競爭對手,但絕對不是模仿競爭對手,也絕對不做市場的Me Too,而是要超越競爭對手。

超越競爭對手,可以比競爭對手做得更好,或者和競爭對手做區隔,包括市場區域、消費的對象、商品形式、價位、服務方向、心理差異、品牌區隔等等,從學習競爭對手到超越競爭對手,最後沒有競爭對手。

如果能夠找一個獨特的市場定位,找到一個差異化的市

場，也就是如競爭力大師 Michael Porter所說的「找到一個敵人無法攻克的城堡」。那麼你就化競爭對手為無形。

85度C以全心的經營形成，切入市場。雖然市場上好像到處都是競爭對手，實際上卻沒有可以匹敵的競爭對手。

Berlitz切入商業語文的市場，雖然是進入一個競爭激烈的語文補習市場，可是卻因為有獨特的市場，因此找到一個敵人無法攻克的市場。三井日本料理以物超所值的經營方法，在某區塊的日本料理市場中毫無競爭者。

向競爭者感謝的新學習精神。

因為有競爭對手，因此可以向他們學習，因為有競爭對手，因而可以省下許多學費，因為有競爭對手，所以有動力超越他們！

四、加盟是行銷上的大創意，還是最高明的騙術？

有一位加盟成功，年營業額高達40億的加盟事業體老闆曾經說過：「加盟是最高明的商業騙術。」然而行銷大師卻說：加盟是二十世紀最智慧的商業手法，到底「加盟」是怎麼一回事？是「騙術」？還是智慧的know-How呢？

不管是正面或負面的評價，加盟確實是一種可以快速拓展事業，以及快速獲利的行銷方法。

85度C咖啡幾年前才投資數千萬，然而如今全台加盟店數已超過250多家，末端營業額約達40億，然而另一個咖啡連鎖店星巴克登陸台灣已經幾年了，全台有150家直營店，全年業績才約25億，年稅前淨利約為1.2億（為營業額5％）。據估計，星巴克至少投入數億元以上的資金。

三商巧福牛肉麵成為外食部已近二十年，全台開了150家門市，業績約15到18億，淨利約7％、8％左右，進軍大陸多年仍只有一家直營店。

在部分政治人物高呼「戒急用忍」的口號下，專賣珠寶玉石的石頭記在1998年進軍大陸，不到十年工夫，全中國已佈下1000個加盟店，全年廣告預算達一億人民幣，可以說是台灣連鎖進軍大陸的一個成功例子。

多福豆花十年前還以豆花連鎖餐車經營，五年前才成立台中的多福旗艦店，不到幾年工夫，台灣與大陸已有150多家加盟店。大陸已經成爲台灣連鎖業發展的新舞台，發展出1,000家以上的連鎖企業不斷出現。

另外據台灣連鎖加盟促進協會2006年的統計，有15%的台灣連鎖品牌有意願前進大陸。另外據中國廣州中山大學市場學教授吳佩勳的報告，據統計中國餐飲市場2006年已超過1萬億人民幣，到了2010年將增加到2萬億的規模。

◎陷阱重重的加盟

「加盟」是經營know-How快速複製的方式，是一種不動用自有資金，減少自我投資風險的方法，尤其是前進一個風險高、沒有把握的市場時。

從1988年，台灣第一洗衣連鎖——聯合洗衣——在台灣掀起加盟風暴以來，有許多加盟企業主依賴「加盟」方式大

拓版圖，快速成長立即致富。然而「加盟」陷阱重重，不良加盟企業市場上到處都是，不少創業新手曾經受騙上當。

然而加盟市場卻是一個非常奇怪的市場，儘管加盟陷阱重重，仍然有一些盲目的加盟創業主，盲目的跟進或闖入。奇怪的是，即使一些不健全或只有一家經營不到兩個月示範店的系統都會有人加盟，不過這種情形只能說一個願打，一個願挨。

不管加盟的黑暗面，加盟確實是一種快速、較無風險的擴展事業的方法，而若從負面觀點來看，加盟是「掌握到了創業者的心理弱點」，正面的觀點則是「他們為創業者築了個夢」。

◎台灣缺少健全的加盟系統

加盟（Franchising）在歐、美、日標榜著是創業成功率最高的一種途徑，因為它是對一種已經試驗過成功商業模式的複製，因此據統計，平均創業成功機率高達90％；然而在台灣由於沒有對加盟事業的規範，因此即使是沒有成功或獲利的示範店都可以推展加盟，一個小攤子如烤香腸、蚵仔麵線、一只手提箱賣清潔用品、賣女孩子首飾都可以徵求加

盟。

　　在寧爲雞首不爲牛後的心態下，很多人都想要自立門戶自己創業，因此也造就了加盟事業的蓬勃。

　　2007年台灣連鎖加盟展覽三天下來200多個攤位，總共成交了4,000多筆加盟交易，以平均每筆創業金額爲80萬計算，就創造了32億的交易金額。

　　台灣的加盟種類已經有200種以上，加盟連鎖企業1,500家以上，店家數超過5萬。

　　加盟企業主企圖利用加盟快速拓展連鎖家數，達到短期成功致富的同時，加盟創業者更期待選擇一個好的加盟業，能夠一圓成功創業之「夢」。

　　但是台灣的加盟市場卻充滿了詭異，據「理得商機智庫」的調查，加盟總部在五年內失敗的就高達60％。一個短命、不成功的加盟總部竟然可以擅自搞起加盟事業來。

　　台灣的加盟市場就是一場「人性的遊戲」，一場玩盡人性弱點的遊戲。加盟企業販賣一個「完成創業的夢」，只要你能言之有理，能做出這個圓夢的大餅，你就可以引加盟創業者入甕。

　　理論上，一個健全的加盟系統，不但要有成功的示範

店，標準作業模式，完備的標準作業手冊，健全的輔導機制，愼選加盟創業人選，周延的契約，教育的訓練，充足的管理支援，不能太快速的發展以免無法給予足夠的協助……等等。

但是實際上台灣加盟的機制並不是如此，加盟企業主只求快速擴充，迅速獲利，加盟創業者也經常是理性不足，衝動有餘；如果說台灣的加盟創業者大都是盲目的，那是太殘忍了。但是大多數加盟成功的企業主，都能抓住創業心理的弱點，也就是投其所好，並能成功把「加盟的商品」販售出去。

基本上，加盟企業在拓展加盟時有些手法值得大家注意：

1.坐落黃金店面，創造熱潮──

搶一窩蜂是台灣創業者最大的毛病。看到別人生意興隆就想搶先跟進，也沒想清楚看似生意興隆的店到底實際上賺不賺錢。

四、五年前大家流行開「咖啡店」，大家一起搶開咖啡

店，兩年前市場上就多了200家以上的咖啡店，大家也不分析咖啡店的投資報酬率如何，投資四、五百萬的一家店，四、五年才能回收，但是仍然不知有多少人就是如此盲目投資下去，根本事前不做功課，也不做調查，看著別人開店好容易，高朋滿座的，想必一定賺錢。

其實地段好、房租高的黃金店面，雖然生意好、座無虛席，可是卻因為成本高，不一定是賺錢的。

投資者經常是盲目的，只看到表面的現象就衝動的投入，結果經常不但是失望，而且是失敗收場。

聰明的加盟企業主的旗艦店就會選開在黃金熱門地段，反正地點對了，大概八九不離十的生意都會興隆。坐落在黃金地段的好店面，可吸引大家注意的目光，知名度自然就打開來了。因此有些加盟企業就規定加盟店一定要開在「黃金三角窗」，無形中又替公司打了廣告，增加了「加盟」的效益。

2.造勢活動──

盡速擴充加盟店數，創造氣勢，創造信賴感。

拓展加盟初期，對前面幾家加盟店採取最優惠的方式，

不收或酌收少許加盟金、權利金，目的在創造「多家連鎖」
的氣勢。

市面上已經有10家以上的加盟店之後，就慢慢加重加盟
金或權利金，到了50家、100家以上時，整個「氣勢」形成
了，就是加盟企業大賺特賺的時候了。

一家知名的連鎖咖啡蛋糕店初期加盟創業者只要準備
250萬就可加盟，創業兩年後，氣勢形成就漲到400萬元，但
卻仍有一堆排隊等候的加盟者。

3.輕鬆創業——

強調「整體規劃，完整訓練，總部支援，公司供貨，輕
鬆投資，開店賺錢財源滾滾」。90％的加盟企業就是利用這
種推銷話術吸引加盟創業者。

其實說是一套，做是一套。許多加盟企業總部根本缺乏
輔導能力，不但缺乏管理人才，對開店經營也無專業知識，
都還停留在以為設計了一套識別系統，有標準的LOGO，有
標準的色彩與制服和經過設計的招牌，還有一張加盟說明書
就開始推展加盟，完全缺乏商店經營管理的know-how，這樣
的加盟總部在台灣其實並不在少數。

　　但是有些創業者還眞是天眞可愛，甚至會加入只有一家示範店的加盟系統，更離譜的是甚至連示範店都沒有參觀過，不知該示範店的業績如何、獲利率如何，竟然會在加盟連鎖的說明會上就大膽的簽約加盟。

4.無風險包裝──

　　創業者只要提供人力與少許保證金，就可以加盟創業。

　　總部負責尋店、裝潢、供貨……等，獲利由創業者與總部4：6或5：5分帳。對創業者來說這是沒有風險的一種委託加盟方法，這種條件非常吸引人。

　　一些便利商店、洗衣店、冰店……等都用這種方式來招募加盟店，尤其鼓勵夫妻或一家人投入，然而創業者加入加盟經營一段時間之後，才發現所有的利潤差不多等於「自己的工資」，大部分的利潤爲加盟企業主所賺取。

　　目前連鎖業在拓店時有三個最大的困擾，第一就是好店面難尋，第二就是人力成本高，第三就是人員難管，因此加盟企業主把這些管理的難題丟給了「創業者」。

　　「受薪者」與「創業者」的心態畢竟不同，創業者因爲「自己事業」的認同感因此會比受薪者更努力、更投入，而

且會更無怨無悔的投入或加班，然而單純的受薪者卻不然。

在目前台灣人力缺乏的市場裡，委託加盟不失為一種加盟拓展的好方法，但加盟創業者得要仔細評估其獲利的狀況。

許多創業者並不具備專業的開店知識，因此在加盟展示會場中場地愈大者，人潮愈多，形象包裝愈好的，創業詢問者愈多，加盟成交數也愈多。

許多管理顧問經常奉勸加盟企業主在加盟前要先有完備的加盟管理系統，健全的輔導機制，成功獲利的示範店，最好不只一家，而且最好要經營一年以上，如此才可以順理成章的拓展加盟。但是市場上成功拓展加盟的系統，經常是與這個「理論」相違背的。

這些加盟企業主抓住了「創業者的心理弱點」，做了一個很好的行銷包裝，和編織了一個成功創業的「夢」，難怪有位成功的加盟企業主說：「加盟是在做一種生意，不是在做一種事業，更不是良心事業。」

台灣加盟事業60％大都是投資在100萬以下的小店或小攤子，加盟總部雖稱為「總部」，而實際也能只是一個10人以下的小公司而已，加盟企業主的資金也往往有限，況且加

盟企業主本來就面臨市場生存競爭的挑戰，如何「快速獲利」是大多數加盟企業主最重要的經營課題，因此「理論」上對一個健全加盟系統的要求，如穩健的成長、完善的制度、標準作業規範、完整的訓練與輔導……對大多數的小加盟企業主根本是天方夜譚。

就如早餐三明治的加盟系統一樣，加盟企業主所販賣的就是一個「品牌」和「供貨」而已，有什麼標準作業流程、一致的品質呢？

規模太小，營業額太低，加盟者素質太低的加盟店，不但無法施以嚴格的標準化管理，而且也不符合管理成本。

如果以國際連鎖品牌麥當勞、星巴克等的嚴格服務規範來要求台灣的小加盟主，當然過於嚴苛，也太過於「理想化」，當然更不可能要求小加盟企業主必須花費數十萬，甚至百萬把加盟標準規範和手冊編制完備才可以推展加盟。

台灣加盟系統不可能如歐美一樣，加盟創業有90%的成功率；坦白的說，加盟創業和自我創業的風險，同樣都是非常的高。

但是對於企業主來說，加盟確實是較無風險，並可以快速拓展事業體的一種聰明的方法。

> **加盟是良藥，也是毒藥，全看如何對症下藥。**
>
> 加盟創造許多企業快速成長獲大利，也創造許多商場騙術和許多創業悲劇。有人成功，有人失敗，這就是商場的本質。

五、概念行銷取代商品行銷

　　Kolter Philip在最近的行銷演講會上提出CCDTP的行銷組合概念，取代了傳統4P（Product、Price、Promotion、Place）。 CCDTP的五個元素為Create（創造）、Communicate（溝通）、Deliver Value（價值傳遞）、Target（目標）和Profit（利潤）。

　　以往的行銷理論都是以產品為主軸，然後從產品發想，尋求其市場目標、利益訴求點，然後才是包裝命名、廣告、鋪貨……也就是有了產品，才尋找其價值。

　　美國Nike總公司不是一家製鞋公司，而是一家鞋子的企劃公司，工廠遍佈於中國、馬來西亞、菲律賓及台灣。其競爭力的核心在於創造新的商品價值，再將創意價值整合外部的各種資源，生產最符合成本效益的鞋子。

　　藉著運動明星塑造國際級的品牌形象，利用各國的經銷商與鞋店將Nike的價值和主張傳遞給目標市場的消費者，最後完成獲利的目標。

◎Hello Kitty**販賣可愛**

日本三麗鷗公司創造了Hello Kitty月亮臉的卡通人物，這個「品牌」創造了一種可愛文化（kawaii bunka），滿足了「嚮往二度童年滋味的成年人在人生前段回憶的步道」。

三麗鷗公司為Hello Kitty編造一個故事：Hello Kitty誕生於1934年，出生於倫敦，體重：三顆蘋果重，嗜好：在森林中玩耍、練鋼琴、吃餅乾。

三麗鷗公司以創意概念創造了商品價值，然後授權不同國家、不同地區、不同的生產製造商，創造了兩萬多種商品，行銷全球40餘國，年銷售金額5億美金。

三麗鷗的成功不是商品的成功，而是「概念」的成功。創意的價值滿足了消費者的需求，這才是競爭力的核心。

◎**林光常販賣健康**

宏碁創辦人施振榮先生所提出的微笑曲線，就是主張要先創造品牌，建立品牌的價值。有了品牌，有了價值，生產製造的工作不必在己，可以尋求全球各地生產效益最好的夥伴。

《無毒一身輕》這本書為林光常博士所著，暢銷於華人

地區，包括台灣、中國大陸、馬來西亞、新加坡，銷售量超過60萬。

林博士提出一個「排毒」的概念，現代人由於不當的飲食、污染的生活環境、不良的生活習慣等因素，因而產生了各種慢性疾病與惡性腫瘤，在他的「排毒」概念裡主張早餐要吃五穀飯、地瓜、兩種蔬菜、一種水果及喝好的水，如果有慢性疾病，最好要吃排毒餐一段時間，一星期至一個月以上不等。

排毒概念得到許多人熱烈的迴響和認同。林光常先生建立了品牌知名度和認同，在出版了暢銷書之後，以林光常之名引進了許多廠商的健康商品以及飲水機，成立了「無毒一身輕」的連鎖系統，在短短兩、三年間就創造出上億的營業額。

壹咖啡的成功始於其創造了「35元也可以喝到好咖啡」的概念（壹咖啡2002年6月成立第一家咖啡吧，到2003年9月加盟店就突破百家）。

台菜老店青葉餐廳在第二代接班人的經營下，在現代創意下以A Bo的新面貌出現。創意的新現代風台菜，符合現代人品味的裝潢，打破古早台菜的風貌。

欣葉餐廳的創辦人李秀英在接受電視新聞採訪時說過十

年前的台菜能以保持古早風味的方式出現，但是目前卻不能再以這樣的形式出現了，必須加入新的創意。

◎大眾廣告已死？

新的服務時代裡，廣告與促銷的理論與實際的操作方法不僅和以往已經完全不同了，廣告與促銷的回應效益也大不如前，因此有人提出所謂「廣告」無用論，其實應該精確地說「大眾廣告無用論」。

小眾時代來臨，訴諸廣大群眾的大眾媒體當然失去了其效益。以分眾與區隔市場為對象的商品，面對一個以全台灣、不分男女老少年紀為對象的媒體，不但無法負擔其昂貴的廣告費用，而且也缺乏廣告經濟效益。

以往「中國時報」、「聯合報」兩大報，台視、中視、華視三台媒體獨佔廣告利益的時代已經過去了，取而代之的是100多台分眾及專業的電視台，藍綠族群壁壘分明的新聞台及政論台，台語鄉土連續劇、綜藝台、體育台、客家台、原住民台、佛教台、基督教台、命理台、股票台、商業台……每個商品針對不同的消費族群，選擇不同的媒體，以期發揮最大的廣告效益。

然而對於某些小服務及小店家而言，除非選擇這些分眾

媒體，否則對他們而言仍然是一筆負擔，而且對於地方性的服務業及商家，這仍是不符合廣告效益的媒體。

　　另外網路的發達，也是這些大眾媒體式微的另一項主因。

六、促銷無用論

舉辦促銷活動曾經是刺激業績最有力的強心針。

大減價、來就送、三人同行一人免費、買就有贈品、抽獎贈送活動、送轎車、送歐洲遊、送百萬……然而這些曾經轟轟動動的場面促銷活動，經常得到這樣的結果：

1.投資的促銷費用比增加的業績還少──

換言之，促銷的投入不賺反賠，促銷活動對於獲利毫無幫助。

2.促銷活動大同小異，參加的促銷活動沒有吸引力，也沒有獨特性──

90％的促銷活動，都是送汽車、送旅遊、送現金、送鑽石、送黃金……等這些贈品。

◎流血促銷退流行

活動不但無法打動消費者的心，而且許多廠商的促銷活

動大同小異。參加促銷活動的消費者少得可憐，最後得到好處的卻是那些專業的摸彩者。

最好的促銷活動是促進商品或品牌價值。商品或品牌的價值不會因為額外的「贈品」而增加，消費者需要的是「價值」。如果你的商品或品牌價值和競爭者相同，那麼就需利用傳統的促銷戰來搶奪消費者。

知名國際品牌大部分都堅持不採取所謂降價、摸彩等活動，取而代之的是以增加品牌與商品形象的展示會、新品發表會、活動贊助、慈善活動、貴賓獨享活動、名人話題等，進而使商品銷售量增加。我們可以稱之為價值的促銷戰。軟性促銷，有別於第一次服務業革命時代的價格促銷或硬式促銷。

舉兩個在第一次服務業革命時代肉搏式促銷戰的典型例子，一個是在75到78年左右，當時柯達、富士與柯尼卡軟片展開一場密切的促銷割喉戰，在品質沒有太大的差異性下，激起了消費者促銷活動及經銷商特販活動的大戰。

三家廠商為了增加市佔率，投資了大筆促銷費用互相廝殺，最後卻沒有在業績及獲利上明顯的增進。

另外一個例子就是80到85年間，在喜餅市場中，郭元益、大黑松小倆口、伊莎貝爾、花旗、超群、元祖等品牌進

入了流血價格促銷戰的局面，其中大黑松小倆口甚至做起打五折的促銷戰，最後如超群、花旗等卻在這波割喉戰中退出戰場並且出局。

◎創造新聞報導價值

傳統的促銷戰，是無關於促進及增加長期的品牌與商品價值，而注意到短期的業績及市佔率。

在消費者注重品牌與商品價值的時代，促銷的形式也在變化，以增加「附加價值」的促銷策略替代了以「附加贈品」的促銷形式。

如何促銷商品的獨特主張，經營者的故事或歷史，提供消費者的利益，品牌的好感度和認同度……才是二次服務業革命的促銷新主張。

對於一個小服務業或小商店而言，根本沒有能力負擔昂貴的廣告費用，創造新聞性口碑、流行性比廣告還重要。

所謂的新聞性就是媒體的新聞報導，一個有獨特性的商店、服務業或活動，絕對有辦法引來新聞媒體的採訪，尤其在目前媒體新聞大戰的時代，有價值的新聞非常缺乏，只要你的商品或活動有創新性，不但可以得到新聞的報導，而且還可以得到數家媒體的連續報導。

當然我們也知道，新聞報導的廣告效果比花錢買眞正的廣告，效益大多了。

◎創造一傳十，十傳百的口碑

如果你的商品或活動有創新性，就會產生消費者的口碑。以往大眾只是口耳相傳一個傳一個，然而現在有「網路」來做傳播，靠E-mail、網路討論與部落格等方式快速產生口碑效果。

最近的行銷理論以溝通（Communication）代替了舊4P理論的促銷與廣告（Promotion）。

新的溝通理論講求創造新的價值，創造新的新聞性、口碑性替代舊服務業的媒體廣告及促銷活動。

Google和Yahoo都曾是小規模服務業最好的廣告媒體，有完整的網頁內容，如果你的商店掌握了關鍵字技巧，被點閱率頻繁，自然就會在關鍵字搜尋上優先排列。雖然現在的關鍵字排行，已經由競標價格決定（Pay-per click or Pay-per action），排在首頁的每次被擊點價格最低的要5、6元，最高的要30、40元，雖然對小服務業來說，廣告預算反需大幅增加，但是比起大眾媒體，這仍然是最「經濟」的廣告方式了。

　　網路也是「口碑」相傳的好地方，好的、壞的都會在網路上一傳十，十傳百。因此商品訊息的傳播，來自於商品本身的獨特性、創新度、口碑性、新聞性……等，然而結合這些特性最核心的還是「商品的價值」。

　　商品會說話，好商品自然會傳千里、傳萬里，相對的，壞商品也會傳千里、傳萬里。

最好的促銷活動是促進商品或品牌價值。

跳樓大拍賣、抽獎送轎車等等促銷活動，在消費者愈來愈注重品牌與商品價值的時代，效用已大減。

七、非理性的消費行為

　　市場調查（Marketing Research）在舊服務業時代曾經被奉為圭臬，是發展新商品及新事業所必須要做的一項必修功課，而Harry Beckwith的Invisible touch卻對「市場調查」做了嚴厲的批判，他提出市場調查的測不準原理，和市調量化的不可得。

　　傳統「市場調查」方法，有一個假設的前提是人類是理性的，這個理論基礎來自於十六世紀的哲學家洛克。

　　人類會依照其天性的理性去行為，然而實際上，人類卻不是會依照理性去行為的動物。

　　理性告訴我們要比別人強，書要唸得好，就要比別人更努力，更用功唸書，這個道理誰都懂，但是有幾個人依照自己的理性去行事？

　　大家都知道夫妻之間要和諧、體諒、容忍，才能共創一個美好的家庭。在婚前，如果你參加所謂的電視相親節目，主持人在大家面前問你夫妻之間的相處之道，你一定以大家都知道的「理性」答案來回答，然而等到男女交往了、結婚

了，有幾個人依照「理性」來相處呢？如果真能如此理性，也就不會有那麼多離婚的怨偶了。

　　人類經常處在自相矛盾之中，想是一回事，做的又是另一回事。

　　在市場調查的訪問中、座談會中，或被觀察的試驗中，通常都會表現最「理性」的一面。店面服務人員知道有公司派來的人來做督導稽核，一定做得特別認真，服務客人也特別有禮貌，但是當稽核人員或調查人員一離開，不用多久就回復「原貌」。

◎盲目的消費行為

　　在小組座談的意見調查中，大多數的人會以「理性」的方式來表態，然而實際上是不然的。

　　大部分的人認為自己購買商品時會去仔細了解商品的內容和成分，但是實際上卻不然。大部分的人購買商品會以外包裝、品牌等因素來選擇商品，鮮少人去仔細研究商品的內容和成分的標示。大部分的人認為自己是理性的，會在購買一個商品前先衡量商品的價值和價格，然而實際上卻不然。

　　消費者大多會視高價格才是有高價值，其實大部分的消費者甚至無法判定什麼才是高價值。

在經過許多的市場調查研究後，麥當勞認定消費者需要健康、營養，如低卡路里的漢堡，然而以健康低卡為訴求的產品在推出後卻不如預期中的理想。

依照市場調查的「理性」，現代的女性，甚至是男性應該都喜歡低卡的可樂，但是健怡可口可樂（Diet Coke）卻也沒如預期的有好的銷售表現。

依照市場調查，如果麥當勞能夠提供中式速食，那麼不但是給忠實的麥當勞消費者一個新的選擇，而且可以吸引非麥當勞的消費者，然而經過市場的實際驗證，結論並非如原先的推論那麼理想。

「人類」或「消費者」經常是盲目的，不是洛克所言的是理性的，更非如功利主義學者邊沁所言的是「精打細算後的判斷」。

買一個四、五萬元的LV皮包的動機，絕非是精打細算的「理性行為」。購買鑽石、名錶等昂貴精品、珠寶大多是因為「自我暗示」的感情因素。

◎消費也有一窩蜂現象

有一個餐飲業者對消費者做一份消費意見的調查，結果發現消費者要求商品分量要更多些，口味要更多變化，服務

要更好，價錢再低些，服務要多些，最好還有泊車服務……業者依照調查結果一一改善，期待業績會更好，結果經常是與期待的相反。

台北市八德路遼寧街口有一家麵店，營業24小時，大部分時間店面都滿是客人，但是麵也沒特別好吃，也沒特別便宜，衛生條件也不好，也沒冷氣設備，服務態度差到不會說歡迎光臨，但卻生意興隆。

推其原因是其一樓店面狹小擁擠，煮麵就在一樓店門口，雇用十幾個廉價勞工，讓人覺得這家店「人氣」很旺。

一樓桌位只可容納七、八位，讓你隨時經過都覺得這家店生意興隆（雖然也有二樓，桌位也很多），這就是一個「假象」。

這家店就靠這「假象」創造知名度與「品牌」，如果依管理學的理論，消費者是「理性」的，那麼這家店和一般媽媽們開的店一樣，沒什麼兩樣，甚至可以直截了當的說，這家店是「Nothing」，可是這家店的業績卻讓許多專家跌破眼鏡。

◎消費是一種「自我催眠」行為

管理學理論總會說價格是因為價值而產生的，要創造價

值，要創造附加價值，商品才有附加的「價格」，但是消費者卻經常以商品的「價格」來判斷商品的「價值」。

　　一個一百元的皮包，大家先入為主的觀念，認為一定是便宜貨、低品質的東西；一件四、五萬元的皮包，大家先入為主的觀念，認為一定是高級品、高品質的東西，甚至會自己找理由去「合理」化這個高價位。這就是消費行為的安慰劑（Placebo）的自我催眠功能。

　　當兩個群組的禿頭試驗群試驗生髮藥水，一組試用無長髮功能的藥水，但卻向試驗者謊稱是有功效的增髮功能藥水，一組試用如落健的藥水，結果這兩群組的人在試用一段時間後覺得兩種藥水都有功能。

　　同樣的試驗用之於失眠患者亦然，一組試以維他命，一組給予真正有助睡眠的藥劑，一段時間後兩群組的人都認為失眠有改善。

　　「品牌」經營就是一種安慰劑，消費者因為「品牌」而自我安慰、自我催眠、自我滿足。

　　「Made in Japan」、「Made in France」、「Made in Italy」、「Made in German」都是國家品牌的安慰劑。「品牌」創造「價值」、創造「價格」，實際上更是創造一種消費的「安慰作用」。

　　女性購買一只四、五萬LV的皮包,拎著它走在路上自我滿足,認為很多人會注意她、注意她的皮包,但是實際上可能沒幾人,甚至沒人注意她的LV皮包。她只是活在「自我催眠」的世界裡。

　　除了利用形象、氣氛與品牌或商品包裝之外,利用安慰劑心理作用而生意興隆的其他開店促銷術包括:

1. 利用購買動線的規劃,刻意使購買者要等待與排隊,甚至大排長龍,結果愈有人排隊,就愈多人擠著要排隊。

2. 空間規劃不要太大,讓沒幾個人進來就客滿,讓店外過路客感覺這家店天天客滿,是超人氣的店。

3. 利用名人推薦或名人來店的合照;預約限額,名額愈有限,大家愈要來。

4. 強調商品製造過程的特殊性,並讓消費者特別體驗或感覺。

5. 特別包裝的服務流程,讓消費者有驚奇的感受。

6. 強調名人經營投資。

7. 與國外合作或引進等等方法。

　　另外一方面，創業者大部分也是非理性的，因此才有機會讓市場上大部分的「爛」加盟系統都還能快速發展。

　　如果創業者是「理性」的，一定要精打細算；計算投資報酬率、商圈調查，好好做功課研究加盟企業系統、加盟主的成功率，不會被「加盟」的包裝和表象所矇蔽，「加盟」也不會被稱之為「商業行為裡最高明的騙術」。

　　在這商品充斥的時代，資訊爆炸的時代，每個現代人都緊張忙碌的時代，消費者無暇理性的消費，商品的包裝、公司的品牌、廣告形象的訴求成為消費選擇最重要的依據。

消費者的不理性，潛藏商機無限。

商品的形象、氣氛與品牌或商品包裝，都是吸引消費者的原因之一。

八、管理的新定義──員工管理自己

某國立大學的校歌頭一句就是「政治是管理眾人之事，我們是管理眾人之事的人」。

管理是管理人、管理事。一個公司必須制定制度，人人依制度行事，一個企業體必須要設定組織，層級分明，權力與工作分清楚，上級的命令，下屬要服從，公司的制度，員工要遵守。

◎公司也是一個品牌

但是對於現代的「工作人員」而言，如果一個公司或是一個企業體不能提供給員工願景，員工在公司感覺沒有目標、沒有希望、沒有未來，個人也沒有升遷、加薪、進步的空間、沒有「品牌」的認同感與滿足，那麼他們是不可能會成為公司或組織裡忠實的螺絲釘。

服務業的管理新定義不是主管去管理員工，而是員工管理自己。

公司設立一個目標、願景、激勵制度，讓員工自己管理自己、激勵自己。

一個加盟主當店長和公司派遣的店長最大的不同就是兩者有不同的期待或願景，前者比後者更有期待獲利的空間，因此更會自我管理、自我投入。

派遣的店長如果沒有升遷、加薪或其他的願景，他們不會自我管理，公司反而必須花更多的時間來管理他們，解決他們對許多管理制度和方式的抗拒。

◎最高明的老闆──勾勒出願景

最高明的管理者或是老闆就是一個會畫「大餅」的人，把一個企業未來的發展「畫」出來，短期、中期、長期的願景擺在員工的面前就像在驢子前頭掛一根胡蘿蔔一樣。讓每個人都有願景、有驕傲、有認同，規劃組織的發展和升遷途徑也讓每個人有期待、有競爭、自我挑戰、祈求升遷、期待賞識。

制度規範是僵硬的，它鼓舞不了沒士氣、沒有願景、不自我期待的員工。

公司的活力、創意和競爭力是被激勵出來的，絕對不是

「管」出來的。

　　公司的業務員應該努力的尋找客戶，他們增加業績，期待的是能夠得到獎金，期待能夠被上級或公司賞識，期待能被升遷，一朝成為業務主管、公司總經理，或有一天掌握到客戶，能夠自我創業。

　　工廠裡的作業員期待工作效率效能增加，能夠增加工資，增加薪水。企劃人員努力發揮企劃創意，期待有一天商品能夠行銷成功，被升遷或有朝被獵人頭公司挖角高薪跳槽。

　　人不是因為「工作」而活，而是因為有「希望」而活。

　　真正的管理是管理員工的「希望」，而「希望」就是要建立願景、目標、競爭、挑戰、獎勵……

　　王品集團的董事長戴勝益認為企業必須給員工理念、願景，而且開拓視野對主管而言相當重要，因此，他鼓勵主管們多到各地旅行、考察，而有「走百國、登百嶽、吃百店」的哲學，並且中級以上的主管都應成為講師，因為已沒有所謂的學習課程，學習課程就是多出去擴大歷練，增加閱歷、增長智識。

最高明的管理是讓員工管理自己。

新服務業的老闆不是緊盯著員工的一舉一動,而是要建立與員工一起打拚的願景與將來。

九、創新的人力資源觀念

「人力」是服務業的命脈，沒有人就沒有提供的服務，但是人力已不再是和水龍頭一樣，打開了水就來，或登個求才廣告，人才就絡繹不絕。

雖然台灣仍然有4％左右的失業率，但是這不代表就業市場有足夠的「優質人力」。

台灣服務業的人力最主要來源，是新E世代年輕人，指的是六、七年級新進社會的年輕人，以及中年再就業人口，指的是45歲上的婦女或中年男性。這兩群人為服務業人力的新主力，然而這兩群人都有本質上的優缺點。

新世代年輕人，有活力、有想像力、有創意力、有新資訊力，但這群年輕人缺乏耐力、堅持力、挫折的忍耐力，重表象重形象，喜歡換工作，愛自由，重休閒、福利等，因此雖然服務業非常缺乏人力，尤其在北部地區，但是卻無法有效的運用這些新興E世代的人力資源。

對於需要長時間體力的工作，但缺乏形象、缺乏制度的小店、小公司而言，沒有明顯展望與升遷的職務，經常無法

吸引這些新族群。

◎年輕人吃不了苦？

曾經有位從事手工水餃店生意的老闆，擁有一個ISO認證的工廠及二、三十個直營及加盟店和販售點，年營業額近7,000萬，但就是吸引不了有效及優質的人力。

這個老闆雖然在報紙經常性的刊登徵人廣告，他也經常在面試，但是就算面試錄用的員工，約定到職日的時間，仍然不見員工蹤影，員工甚至沒有電話告知為什麼突然不來了？即使是到職日按時上班的員工，往往沒幾天，員工就不告而別了。

在缺乏「人力」的情況下，他只好捨棄年輕人改錄用中年婦女或二度就業的中年藍領階級，或是外籍勞工或越、泰籍新娘。

服務業大部分的老闆都會責怪E世代的年輕人不堪用，吃不了苦。他們認為難怪一些企業會鐵了心將事業移往大陸，台灣的未來發展可憂，政府無能……這些埋怨的話，大概在服務業裡都是司空見慣、見怪不怪了，當然一般人也多少認為這是有道理的說法。

我必須坦白的向這些服務業的經營者說，你們不能只是

對「人力」市場的客觀情況抱怨，而必須積極的對於自己的事業體或店舖經營做一番徹底的檢討。

◎公司也需要包裝、行銷

為什麼我的公司、我的商店、我的事業體不能吸引新興的優質人力呢？簡單的說，就是要對自己做一些「Marketing」行銷的功夫。

這些傳統行業與傳統思維的經營者，如果不把自己的事業賦予新的包裝、新的形象、新的服務精神、新的行銷管理方式，那麼根本吸引不到新興E世代年輕人。你們不能只是一廂情願的做一個生產者，強迫你的消費者要接受你的商品。

在人力市場中有太多的選擇，是一個完全競爭的市場，你憑什麼吸引優質人力呢？

行銷一個商品，必須要有「Marketing」行銷上的作業，要精確的設定出商品的消費對象，以及確定能夠吸引消費者的利益點。

換言之，就是如何包裝商品，如何向消費者做有效的溝通，如何使消費者產生忠誠度進而重複購買，如何產生口碑效果讓老顧客介紹新顧客，如何做售後服務，如何做滿意度

調查……等。

　如果你把你的受雇員工或期待聘雇的員工當成你的消費者，那麼你的觀念就會180度的轉變，尤其在這優質人力需求大於供給的市場裡，你不能再以傳統軍事化的「人力管理」模式來徵募人力、管理員工。

　你必須以符合他們的方式來吸引他們，必須以「行銷」的新精神來重新包裝自己，吸引他們。

　在傳統生產時代裡，老闆就是公司的King，King是不可以被質疑或挑戰的國王或將軍。一個命令，一個動作，所有的員工必須如軍士一樣，個個必須以公司為優先，為公司犧牲奉獻，尊敬老闆如父親，尊敬前輩如兄弟，而且必須與公司一起榮辱與共。

　然而在新服務時代裡，自由、尊重、形象、前景、資訊……替代了傳統服從、大我、勤奮、堅持……的工作價值。如果你無法改變自己，以符合新時代的需求，那麼是你錯了，並不是新時代的年輕人錯了。

◎「好女孩來郭元益」──打破傳統人力行銷

　二十年前，當我為郭元益家族做現代化管理轉型時，即帶入了「人力行銷」的新觀念，在低階人力缺乏，又有其他

競爭者互相爭取的人力市場中，如何具有人力競爭的優勢呢？那就是要有「人力行銷」包裝的觀念。

商品行銷首重定位，同樣，你的「人力包裝」的定位是什麼？

當年郭元益在那個環境下，義美食品就是最大的人力市場競爭對象。當競爭對手的知名度或企業形象都比你好，薪水比你高，福利條件又較優，你憑什麼吸引人？你憑什麼吸引你的消費者呢？

在「物質」與「硬體」條件都無法與之相比的情況下，以「人文」或「精神」條件為競爭點，何嘗不是一種獨特的人力資源定位呢？因此當時在徵門市與作業員時，我們做了一個這樣的廣告「好女孩來郭元益」。

那時候的訴求是對剛從高中、高職學校畢業的女生，對剛出社會的女生，尤其是離鄉背井的，有些是從中南部鄉下來到五光十色的台北，不僅對剛出社會的孩子，尤其是對父母來說，是非常沒有安全感的。

當年郭元益雖然並不是現代化的先進企業，但是有傳統與敦厚的形象，因此我們替自己塑造重人倫、守秩序、有教養、重教育的地方。

新鮮人來到這個公司，將有公司前輩的提攜照顧、有公

司的照顧、有寧靜單純的宿舍，還有老闆貼心的關懷，孩子來到這裡工作「不會變壞」。

當然這些必須包括整個公司的制度、文化、教育、福利、住宿環境與管理、宣傳文件、徵求廣告、人力說明會等……在整體的包裝上下功夫。

在這種「人力行銷」的包裝下，我們回應了市場的需求，打破傳統高高在上的Propaganda灌輸式的徵人廣告，打破了以公司為主體的人力資源管理方法，我們得到了所需要的優質人才。

在「好女孩來郭元益」的廣告刊登後，詢問求職電話不斷，甚至還有不少媽媽帶著看來生澀又乖巧的小女孩到公司來面試。Yes！這就是一個「人力行銷」概念的例子，而且還是二十年前的個案。

◎E世代的求職需求

今天，年輕人的想法更不一樣了，你用什麼標準來評斷他們？應該是用他們所需要的標準來評斷，絕對不是你自己的主觀條件。

如果你的公司沒有跟上時代，沒有新的服務精神，沒有好的商店或企業形象，沒有管理規範，沒有薪職、福利制

度，沒有願景，沒有展望，那麼優質人力不來，錯不在他們，而在你自己。

如果繼續執迷不悟，那麼將無法擁有年輕E世代的人才在你的公司或商店裡工作，即使你提供的服務人員薪水比知名五星級飯店甚至高出20％，希望吸引E世代人才，大家還是不會選擇你的。

當你無法選擇新興E世代的年輕人時，那麼你就只能選擇中年再就業的人口。這些人雖然較穩定、保守、勤奮，但是可惜就是沒有活力，沒有朝氣，沒有創意，沒有e能力。再其次，你當然也可以聘用越勞或泰勞，但是他們的問題是更沒有忠誠度與創造力，他們可以像機械一樣的工作，他們只是為了「錢」而為你效力，如果薪水不夠多，他們就會跳槽，況且這些人大部分都是非法打工的，能工作一天算一天。

新興服務的人力新觀念，總括有下面幾個重點：

1. Target——
把「人力市場」的對象當成你的消費者。

2. Positioning──

要在人力市場中定位自己，找出自己的競爭力、價值與吸引力。

3. Ultimate Benefit──

提供人力市場的獨特利益點。升遷？福利？「願景」？「人文精神」？

4. Packaging──

形象與宣傳包裝。新興E世代注重形象包裝，如果自己公司沒有外部形象與內部人文包裝，無法吸引新興E世代的新人力。

5. Caring──

對新興E世代的年輕人的管理，必須付出更多的體諒、理解、關懷和互動，傳統的命令式的軍隊化管理時代已經過時了，必須以新的人文精神方式來管理你的員工。

6. Discipline──

年輕人愛自由，放縱，但是一個公司、一個組織要有效

率的運作，必須要有紀律，因此要有嚴明的紀律、規範與獎懲，一切以客觀的紀律和規定來公正處理。但在紀律及關照上須取得一個平衡點。

揚棄權威，採用尊重。

吸引年輕人就職，不能再用傳統的軍事化管理，或者一板一眼的命令式要求。

十、隱藏的「第一」──鎖定特定的市場

　　在生產代工的時代，你只要能生產成本比競爭者更低、品質更好的東西，你就具有競爭力。

　　你不用考慮行銷的策略，不用考慮消費者的需求，你不用考慮如何把商品的特性轉換成消費者的利益，你不用考慮品牌的塑造，不用考慮銷售通路的問題，你不用考慮廣告的技巧等等行銷的工作，因為這些工作都是委託品牌主的工作，許多代工者壓根就沒有經營及行銷商品的經驗。

　　可是當你要建立自己的品牌時，你必須要自己面對市場，面對消費者，此時才發現到自己完全沒有行銷的Sense。這也是許多生產者要轉換成行銷者時所必須要的再教育──要把經營思考重心由工廠轉移到市場與消費者。

　　生產代工的時代雖然只能賺取微利的工資，但是經營的工作畢竟還是比品牌經營者簡單與輕鬆多了，風險也小多了。

◎經營國際品牌的漫漫長路

一個品牌的經營必須要長時間的投資與細心的經營，有時候甚至要花上十年、二十年，甚至是百年才能建立一個品牌。生產代工者卻只要十年時間就可以建立起規模與分工的地位。

如同中國大陸，在短短十幾年裡就建立起可規模生產的硬體設備，以及管理知識與生產效能，並儼然已成為世界的生產工廠，但是卻無法建立一個知名的國際品牌。就連台灣，除了宏碁、巨大、趨勢科技之外，沒有幾個可以拿上檯面的國際品牌。

要建立一個國際品牌，畢竟必須具備相當的行銷觀念和長期的品牌投資。

建立品牌並朝國際邁進，這是目前政府和企業都知道的企業發展策略，但是要發展出一個國際品牌，談何容易？

一個本土品牌向國際邁進，首先必須要有一個夠大的本土市場，足夠的經濟規模和生產的效益，有足夠龐大的業績才有足夠的時間去培養品牌的生命。

台灣本土品牌根本缺乏這些先天的條件，根本無法和已經在國際品牌舞台上行銷多年的精品服飾相比，因此有人建

議前進中國大陸市場，不僅把中國大陸當作前進國際的一個學習舞台，而且把品牌市場基礎擴大，作爲前進國際的踏腳石，然而不管如何，前提都需要把「企業做大」。

台灣80％以上都是中小企業或服務業。品牌大陸化，品牌華人市場化，品牌國際化都是一個遙遠的努力夢想。

行銷管理之父Kolter Philip認爲建立品牌有四大步驟，他認爲，第一是確定目標市場，第二是定位，第三是價值主張，第四是品牌推廣。

「品牌」策略也一樣可以採取利基策略，針對一個目標市場提供特別的商品，建立品牌的特殊價值，利用最經濟有效的方式來推廣。

◎小衆市場裡的第一

德國在精品服飾、化妝品方面鮮少享有國際知名度的品牌，然而德國卻有500個品牌爲世界第一，這些都是針對利基市場的商品。如Marklin是模型鐵軌的世界第一品牌、Stihl是電鋸市場的世界領袖、Prominet的量度唧筒爲世界第一、Barth是世界最大的啤酒花供應商、Tetra生產的熱帶魚全球市佔率超過50％、Hauni爲世界香菸製造機的老大，另外還有

Carl Walther的運動槍枝、Matth. Hohner 的口琴及手風琴、Germina越野滑雪板、Sachtler攝影三腳架……等都是世界第一。

這些品牌不是家喻戶曉的品牌，也應該沒有龐大的廣告行銷預算，但是在目標市場上，提供特殊的價值，滿足特定對象的特殊需求，因此享有特殊市場的領導地位。因此這些世界第一的品牌我們應該可以稱之為隱藏的第一（Hidden Champions）。

德國以工藝見長，在這領域裡建立500個世界第一，靠的不是龐大的廣告預算，而是針對特定市場的價值（Value）。

日本在汽車、汽車音響、數位家電、冷氣機、機器人、照相機、遊戲機、大型車的輪胎、縫紉機、特殊纖維品等為世界的領導者，但是在化妝品、藥品、服飾、精品等領域根本無法與國際大牌相比。法國挾著法國本身的人文價值和定位，把萊雅推向全世界第一的品牌。義大利的汽車市佔率雖然無法和TOYOTA相比，可是挾其藝術設計之工藝，在高級的設計型跑車FIAT和法拉利都是領先全球。瑞典因為其本土木材的資源優勢，由家具起家，成就了IKEA。

◎「中國風」是台灣的最大優勢

台灣的優勢是什麼？有什麼獨特的優勢，可以成為亞洲第一或世界第一呢？

台灣服務業的優勢是我們有優質的開店人力，以及優質的中華文化與美食，如果我們能夠在這個地方下功夫，台灣美食不僅只有鼎泰豐可以揚名國際，如果能加入現代化與國際化的元素，未來極有可能出現中華料理的麥當勞。

日本的吉野家、拉麵、壽司、米漢堡可以進軍國際，中華美食如牛肉麵、泡沫紅茶、火鍋、燒烤、包子、糕點理應更有跨足國際的基礎才對。另外中式的旗袍如果能突破以中國風為主元素，而以國際村的女性都可接受現代風為主元素，加上以中國風為內涵，台灣的服飾為何不能自創品牌揚名國際？

台灣在服務業擁有優質基礎的尚包括法藍瓷、竹炭產品、美髮、按摩、鞋類、東方珠寶等都有國際化的潛力。另外諸如中國功夫、太極、禪修等身心靈課程也可以創立品牌，立足世界。

以國際的角度著眼，以中華風為底蘊是台灣服務業及連鎖業成為世界第一的最大可能。

特定需求下的特定商機。

在分眾市場成形的現代,針對某些市場提供特別的商品,建立品牌的特殊價值,商機無窮。

十一、成為「第一」，就是最好的創意

「前瞻」就是要有比別人先洞悉的遠見，如果你掌握趨勢，但是卻是後知後覺者，你仍是在進入競爭激烈的江海和市場的跟進者（Follower）爭得你死我活。許多「成功」者在於能前瞻趨勢，掌握先機，比別人先進入市場，成為市場中的「第一」。

104人力銀行前瞻網路與電腦的配對與運算功能，和人力資源市場的前景，是第一個利用網路配對，為徵才與求才者服務的公司，搶先「第一」，使104成為網路人力銀行的代名詞。

85度C搶先進入「蛋糕+咖啡」市場，即使後面有許多模仿者，如Diamond、北海道等，但85度C全台佈局250多點，第一的氣勢已成，因此已成為「蛋糕+咖啡」的代名詞。

◎不易打倒的「第一印象」

消費者的記憶是有限的，只會記得第一及第二，如同休

開飲料小舖的市場上不下百種品牌，每一年的台灣加盟連鎖大展，至少會有十家以上的連鎖品牌出現，但是消費者仍然只會記得鮮泡綠茶的50嵐、泡沫紅茶的葵可利。早餐三明治美而美仍是大家印象中的第一品牌，35元咖啡的壹咖啡仍是第一品牌，嬰兒服飾麗嬰房爲No. 1，手工蛋糕爲白木屋，蜂蜜蛋糕爲一之鄉……

「區隔」的意義不僅在於市場中尋求一個獨特而敵人尚未進入的市場空間，另外一個目的就是要在消費者心中建立先入爲主的「第一印象」。

所謂「藍海」策略、「紫牛」理論都只不過是市場區隔理論的再闡述而已。

以前都是用市場區隔、定位、差異化爲形容，「藍海」與「紫牛」只是用個新名詞罷了。

我曾經接受過一位顧問的諮詢，對方因爲看了85度C生意興隆，發展迅速，想要介入這市場，跟進85度C。

我當時力勸他不要進入這個Me Too的市場，雖然他也一樣擁有生產五星級蛋糕的配合代工廠，但是他仍堅持自己的決定。最後他也開了幾家店，但兩年過後，市場上一點氣候也沒形成。加盟公司總部每天養了二、三十個人，光是籌備費與薪資就讓他虧損連連。

　　「第一」不一定是第一個切入市場者，第一的實質意義是要在市場上迅速建立「第一」的市場地位，以及在消費者心中建立第一印象的地位。建立第一的地位之後，不僅擁有市場上絕對品牌的優勢，還擁有了管理上與成本效益的優勢。

◎不同領域與方向的第一

　　台灣的服務業已經和其他已開發中國家一樣，朝量化和質化兩個極端發展。

　　量化者如家樂福、大潤發、全聯福利等以低價、規模來領導市場，消費者因為「低價」以及一次購足的方便性而消費。

　　量販店顧名思義就是靠「量」來獲利。因為每單位利潤都很微小，因此當然不能提供很完備的服務，如果說量販店還提供「宅配」服務，根本就不可能。

　　全聯社的廣告強調沒有明顯的招牌、沒有漂亮的制服、沒有提供刷卡服務，但提供給消費者唯一，也是最重要的價值就是「低廉」。唯有「低廉」才能「量化」、才能「獲利」。「全聯社」希望捨棄其他「附加服務」，以「低價」創

造第一。

　　另一個服務業的走向就是「質化」，提供高附加價值的商品或服務。只有高的毛利，才能有空間提供優質的服務，一客才150元的牛排，雖然無法提供優質的服務，但是也可以吸引中下階層的消費者，在這市場上建立「第一」的地位。一客3,000元的牛排能提供特級的服務；也在一個特定及頂尖的市場中成為「第一」的地位。

　　當然最能獲利的是提供高附加價值、高價位的服務，可是卻只需要低廉的營運成本與人力。

　　豆花加盟連鎖店最近幾年發展得非常快速，由於毛利高、作業簡化，又不需華麗裝潢，外送、外帶又皆宜，不需寬敞的座位空間，由中央工廠供應，人力可精簡，因此在這三年內發展出幾個加盟連鎖品牌。如多福豆花才三、四年的工夫就發展出近180家的加盟店。投資七、八十萬，可以快速回收。多福在這個「十坪豆花店」的市場中，有希望成為第一。

◎創造第一，霸佔市場

　　「第一」不一定是第一個切入市場者，第一的意義是在

市場迅速建立「第一」的地位，以及在消費者心中建立第一印象的地位。

十二、創意的通路

　　通路型態，基本上分為兩類，一類為實際通路，如大潤發、家樂福、全聯福利、屈臣氏、頂好超市、7-ELEVEN、金石堂、誠品書店、燦坤3C、全國電子、全家福鞋子量販等。

　　另一類為虛擬通路，如博客來等，電視購物通路如東森、momo購物台等。這些通路純粹提供販賣的平台，供廠商陳列販售。

　　通路商以「量」與低價為競爭優勢，連鎖家數愈多，市場佔有率愈高，業績愈高，則愈有與廠商殺價的空間，價錢愈高，愈有行銷能力。

　　業績愈好，愈有向廠商談判的籌碼，這是「量販店」經營的循環，但是對於供貨廠商而言，單位利潤愈來愈薄，而且也因為量販店掌握著「量」，佔有供貨廠商全部公司或商品線的大部分業績，因此大多數都只有向量販業者提出的條件「低頭」。

　　然而對於那些無法壟斷或是獨霸市場者，因為缺乏談判的「絕對武器——量」，因此常因缺乏競爭優勢而被迫退出舞台。

　　量販這個市場如「黑馬競技場」一樣，一進入這個競技戰場，只有生存與死亡兩種選擇。

　　量販店所販賣的商品有90％為大眾的日常用品（Commodity），但是對於非日常性用品、一般商品就缺乏特別的通路。

◎新商品的最大挑戰——通路

　　多少新的優質商品，由於缺乏通路而夭折？多少創業者投入龐大資金生產的新商品，因為沒有通路而扼腕？就以生技公司為例，投入數十億資金生產靈芝、樟芝、酵素、骨粉、竹炭產品、奈米相關產品、美容產品、有機食品、飲水機等，但是由於市場上沒有相類似商品的專業通路，因此對這些新商品的廠商而言，最大的挑戰就是行銷通路如何突破。

　　7-ELEVEN發展初期虧損連連，然而目前已是台灣便利商店的龍頭，其發展的歷史和過程已經寫下了台灣經營管理

學的一課。

◎「台鹽生技」成功創造新通路

「台鹽生技」也是突破通路瓶頸，成為自創通路品牌的一個例子。

老字號的國營事業「台鹽」為了擴充「鹽」以外的新事業，跨足了美容業，推出了膠原蛋白綠迷雅系列，然而傳統美容商品不是進櫃百貨公司、藥妝店和小地方的百貨專櫃，不然就是如Avon一樣的利用人員的直接銷售或如某些直銷方式，然而一個沒有知名度的美容產品進駐百貨公司，談何容易呢？就連知名的日本化妝品在百貨通路上都很難敵國際知名的大牌，更何況本土的新品牌。

當時台鹽董事長鄭寶清很大膽又很有創意的創造了「台鹽生技」的加盟通路，憑著國營企業給人的信賴印象以及立法委員強力的代言廣告，迅速的在全台創造出200多家加盟通路。

跟隨在台鹽生技之後，中油生技也相繼推出自己的通路系統。

不管目前台鹽生技通路系統經營上仍有一些問題，但是

一個本土美容品牌能自創通路成功，真是一個創造通路的大突破。

　　自創品牌通路，販賣專屬品牌的商品，是突破通路商緊箍咒的一種方法，除了台鹽生技之外，如年營業額突破32億的阿瘦皮鞋，全台已有30多家；大陸有60家店的仕女服裝店O'Girl；在大陸有1,000多家加盟連鎖的石頭記；全台有200多家加盟店的有機專賣店無毒的家，其他如台塑生技、中油生技等都是台灣自創的新興專業通路。

開拓新通路，是艱難的一仗。

新通路不易開發，但若成功，卻是經營上的一大步。

十三、獲利才是核心競爭力

　　不管如何發揮創意，以和市場的競爭對象做區隔與差異化，共同的就是要生存發展與獲利。

　　創意和差異化不是目的，利潤才是最終的目的。如果沒有在短期之內「獲利」，所有爲了差異化所產生的定位和創意都是毫無意義的。

◎生存是首要，獲利是重點

　　兩年前，市場曾出現一家非常有創意的流水涼麵店，蕎麥麵不但現煮，而且經過一個滑水道馬上冰鎮，如此麵不但涼而且好吃又滑，加上各種各國如越式、泰式、韓式、台式、川味、日式等特調醬汁，眞是絕頂好涼麵。

　　售價又便宜，因此生意興隆，但是由於流程繁複耗工、成本過高結果沒有獲利，實在可惜的是好商品、好創意被扼殺了。

　　對於小小格局的商店與服務業，要學習學術理論，講求

市場佔有率，那眞是太遙遠了。

對小小的一個店，市場競爭何其多，生存才是首要。

「獲利」是競爭力的核心。創意的區隔不但要在市場面與行銷上下功夫，而且要在成本與獲利空間上下功夫。如果能降低成本，減少繁複的作業流程，減少人力，增加商品附加價值，創造「獲利」空間，這才是眞創業家。

許多失敗的創意創業家，大都在市場佔有率或新商品的研發面上下功夫，但是卻鮮在「獲利」的管理上下功夫，因此最後再好的創意也沒有用。

◎服務不應無限上綱

台灣的美髮店，是一個服務人力密集的行業。客人一進入美髮店，首先看到一個值日生身披彩帶，手腕披著毛巾，站在門口見到客人就笑容可掬，禮貌十足的相迎，然後侍你入座，接著另外一位洗頭小妹給你倒飲料，然後幫你先用熱毛巾熱敷頭部，再來是按摩，按肩、按手、按頸部，然後才是洗頭。

洗頭過程也是標準化十足的，先試水溫，試抓洗力道，清洗過程也要經過一定程序。洗完後用毛巾包頭、吹乾，然後再由吹風手或美髮師來替你吹整或剪燙髮，然後……反

　正，上過美髮店洗、剪、燙過的女士或男士都知道這個流程。

　　如果你上美髮店不剪、不燙，洗個頭吹風只付兩百元或兩百五十元，服務也非常周到。這麼「周到」的服務，當然就是要贏過競爭對手，這麼好的「人力」就是要突顯服務化的差異性，但是在這人力成本高漲的時代，加入愈好的服務，成本愈高，毛利就愈小，客人好評愈好，生意愈好，可是卻非常薄利，甚至無利。

　　台灣的美髮界現在已經開始意識到這麼服務無限上綱的競爭方式，根本不是競爭力的重點，改變經營的模式才是致勝要訣。轉型成為剪燙專門店，減少不需要的店門口值日生，少掉不需要的按摩服務，著重於剪燙的技術，提高來客單價，減少人力，增加獲利性。

　　然而也有業者卻朝另一方向操作，將美髮與休閒結合在一起，美髮店提供咖啡吧、46吋大電漿電視、舒適座椅、特殊旋轉鏡⋯⋯強調高級享受卻低消費，這是另外一種不斷在服務上「加分」的競爭方式。但是這種「加分」的服務，是否是最獲利的模式呢？是否是投資報酬率最高的經營方式呢？

◎開店不是愈大愈好

另外再舉台灣的美容SPA店，台北市信義區的大大小小SPA店就有20家，最近新加入市場者，都是百坪以上的規模，而且一家比一家開得豪華，每一家的SPA少則投資1500萬、2000萬，但是所提供的服務每一家都大同小異，大家經營下來都發現，在市場有限、競爭無限的情況下，獲利空間愈來愈小。

有一個業者表示，在永和地區投資500萬元，空間只有約50坪的SPA店，一年就回收，可是投資了2000萬在信義區，以為那兒是上班族以及所得高的地區，結果卻沒有獲利空間。

空間增加了，服務客人的品質也提供了，可是不但沒有真正增加競爭力，而且獲利率也沒增加。這個案例更說明了「大」並不是最有競爭力的，最好的也不是最能獲利的；投資回收效益最高，加上最適切的服務，才是最好的經營模式。

每一種行業，每一種店，都有其「最大獲利」的經營模式，不是愈大就愈好，也不是給客人愈多愈好，而且隨著時空改變，這個模式也會改變。

十多年前麥當勞在台北東區黃金地段忠孝東路三段，

一、二樓，200坪左右店面，雖然坐落在一級戰區的一級地段，給客人最大、最好的空間和用餐環境，但卻無法承受每月百萬的租金，反而現在有些店都選擇在社區裡開店，坪數5、60坪左右。

◎小店和高級牛排店經營模式不同

賣蚵仔麵線的很少有像台北市SOGO百貨的小林麵線及西門町的阿宗麵線，95％的台灣蚵仔麵線都選擇以小攤販或便宜的店面經營，這是蚵仔麵線最能獲利的經營方式，作業太複雜或人力無法精簡，成本控制不當都無法獲利。

許多小店就應該以最簡約的方式經營，台南擔仔麵就是一個簡約的模式。一個小攤子，老闆坐在矮矮的攤子後面自己賣麵，所有的配料、小菜、碗筷都在雙手可以觸及的地方作業，切菜、找錢也都自己來。

現場只有一個服務生負責端麵、端菜、清洗碗盤，坐落的店面也不是好的黃金地段，店面空間大約只有10到15坪左右，有些小的矮攤子甚至就擺在騎樓上。

90％的客人叫一碗35元加蛋的擔仔麵，通常又會叫一些小菜，平均一人消費近百元。晚上有些客人會來喝點小酒，平均消費大約超過三、四百元以上，這樣的經營模式，可說

是最「簡約」、最「經濟」、最「獲利」的方式。

　　但是對一家高級牛排館而言，經營模式就不能如此簡約了，需要更多的附加服務，更多的人力，更好的消費空間。然而不管如何，「獲利」才是是否最合適的「經營模式」的考驗。

　　在日本東京的街上，我們可以看到只有立位，只有小圓桌，沒有提供椅子的小咖啡店；只有容得下一個小屁股的居酒屋；一家只有兩個服務生，空間與人力都利用得非常簡約的拉麵店，有的甚至沒有配備收銀員，店門口放置一架點菜自動收銀機，要點什麼麵，自己放鈔票，機器找錢，憑收據買單。

　　在店租超高，人力成本超高的社會裡，賣一碗平價拉麵，怎麼有可能提供寬敞的空間、完備的服務呢？就如你在紐約、在東京的高級地段，你絕對不會看到一間50坪的花店，你找不到一間平價又提供舒適休閒座位的咖啡店，因為這些店已經消失了！

　　在中國大陸，人力成本、物料成本或房租成本尚未高漲的狀況下，仍是密集的人力服務業時代，每一份工作和職位都可以用一個人或多個人工作，但是在日本，甚至台灣，已經走到精簡人力或優質人力的時代，當然經營的模式也應該

不一樣。

◎「獲利率」是評估開店的最重要指標

「獲利」才是企業經營成功或失敗的指標，規模、業績與店數只能作爲參考，不是指標。

開咖啡店曾是年輕人創業的最愛，各種加盟品牌如客喜康、丹堤、羅多倫等都不斷加盟展店。據報導，2004年星巴克在台灣已經開了140家，營業額約爲24億，獲利約爲1.2億，獲利率約爲5％。如果以平均開一家星巴克約要350萬台幣，他們整個事業已投資了近50億，那麼投資報酬率是多少？多少年才可以回收呢？

統一星巴克已是台灣咖啡店的霸主，應該在採購、管理、人事、物流等都已經到一個經營規模，各種物料與管理成本應該都比同業低。如果統一星巴克的獲利率都只是「保四」或「保五」，那麼其他的競爭品牌呢？

「獲利率」是評估選擇創業的最重要指標，有時年輕人創業常以企業的知名度、店面的光鮮度、創業的成就感、行業的時髦度、操作的簡易度等作爲評估，而加盟企業主也非常清楚知道創業者的心理弱點，因此常利用一些心理行銷術，來打動創業者的心，然而當創業者掏出了大部分都是半

輩子累積而來的積蓄後，真正投入開店創業才恍然大悟，「獲利率」不如預期，而且實際操作後才知道創業的辛苦與辛酸。

只提供少數幾個座位，以外帶或外送為主的便當業，在房租成本高漲的經營環境下是最為「經濟」形的運轉模式。

◎平價商店，無法提供完美服務

以提供「平價」商品的商店，如果還提供優質的完美服務，當然是非常不經濟的。

台灣某牛肉麵連鎖的原汁牛肉麵大碗一碗賣95元，不但要提供好的企業形象，優質與禮貌的服務，用餐座椅與空間，空調設備，方便的店址，雖然在2000年已開設了150家門市，業績高達18億，稅前淨利為1.8億近2億元，到了2006年店數增加至160家，營業額1.5億，獲利為1億，獲利率由原來的10％降至6.6％。每店一年為937萬元，每月營業額78萬，單日業績為2.6萬元，1億利潤平均每店稅前淨利每年為65萬，每月為5.5萬。以160家門市的規模，應該可以在大量採購制度下，降低各種物料及營運成本，然而一家知名連鎖企業牛肉麵的淨利卻不如一家傳統的「老王」牛肉麵，因此不禁讓我們要好好深思到底這樣的「經營模式」是否符合未

來發展的「最經濟」、「最獲利」模式呢？

開店的三個重點：獲利、獲利與獲利。

年輕人創業常以企業的知名度、店面的光鮮度、創業的成就感、行業的時髦度、操作的簡易度作為評估，這是不夠實際的。

十四、小眾市場裡的第一

　　「大眾消費的時代已過去，分眾時代來臨。」——這是台灣經營者必有的概念，不可能有一個商品或有一家店提供的商品能滿足所有的人，因此就如競爭力大師Michael Porter所說的，要限制自己。

　　限制自己在一個市場利基裡，限制自己的商品滿足某一群消費者，並且在這個市場中成為第一。

　　市場「分化」和「專業」是分不開的一體兩面，Birkenstock 把自己限制在健康涼鞋的小眾市場裡，成為這個市場裡的專業；Mr. Martin限制在登山鞋上，也成為頂級品牌；Nike把鞋子分為多種用途、功能，如籃球、網球、排球、高爾夫球的鞋子在每個小市場裡都能稱霸；桂格的奶粉和麥片，也對各個市場與年齡層推出幼兒、兒童、婦女、老年人等各種適用的商品，而能在奶粉和麥片市場稱霸；壹咖啡也是把自己區隔在外帶的中低價市場中，而在自己的區隔中稱王；迴轉壽司在日本料理市場只切入「壽司」這一塊，因此在「壽司」這個利基中成為第一。

市場區隔與定位的意義是要在一個競爭市場中尋求一個「第一名」的位置，然而這個「第一名」的市場是否能在往後的發展上成功，仍有幾個重要的前提：

1.必須不容易被模仿——

核心的技術成為獨特的經營方式，這並不容易被模仿。

高雄的「金礦」是第一個創造五星級蛋糕加咖啡的經營模式，但是它並沒有很快速的擴充，因此被後來的85度C學習與改進，快速擴展加盟，成為市場第一。

2.迅速擴充，佔據市場位置——

壹咖啡是35元咖啡也能喝到好咖啡的代名詞，但是因為能迅速擴張，在一年左右就有約100家的加盟店，打出知名度，因此即使後續者陸續介入市場，也無法取代壹咖啡的位置。

台北市的日式燒烤，以林森北路的育顧龍堪稱為第一個切入市場者，但因為沒有持續擴充，佔據市場位置，被後來的七條龍所取代，而後來又被採取快速加盟的日式野宴所取代。

當一個有創意的生意概念被證明成功之後，就要迅速的

擴充複製，壟斷市場或獨佔市場，讓後續者無法進入，即使進入了也無法取代其地位。

據知85度C已接近250家，市場上雖也有類似的競爭者進入，但是85度C卻是蛋糕咖啡店的代名詞，7-ELEVEN也是便利店的霸主，7-ELEVEN幾乎是便利店的代名詞。

3. 不能區隔得太少——

市場曾經曇花一現的商店，如拼圖店、男性襪子專門店、椅子專賣店、帽子專門店、泳衣專門店……等都沒有成功，因為市場對象太小，消費需求有限。雖然能找出一個「第一」的區隔，但是沒有市場性。

另外市場仍存在著手工模型、公仔、積木玩具、西洋劍專門店、鮑魚專門店、獎盃專門店、麻將專門店、塔羅牌專門店……等，但也只能在一個城市中以單店的形式成立，成不了大氣候。

La New鞋店如果只專賣老人的氣墊鞋，或者只賣空姐專用的氣墊鞋，那麼一定開不成一家店，但若集合了慢跑用、登山用、上班族用、扁平足用、老人用……專門鞋，那麼不但在每一個區隔上稱為「第一」，幾個小第一加起來，La New即可成為本土氣墊鞋的第一。

　　而單價太低、市場太小，無法以實體店存在，只能以小攤子形式經營，如海苔、玉米、捲餅、魚羹等，只能於人潮洶湧的地段以小攤販或小店面的形式存在。

再好的商品，也不可能賣給所有人。

鎖定特定市場，再加上優質的商品，才可能創造獲利。

十五、廣告無用論

　　台灣的媒體生態這幾年產生了重大的變化，不僅台視、中視、華視三台獨佔市場的情況已破局，收視率30％以上成為歷史的紀錄，「中國時報」、「聯合報」兩報系，最風光時都近百萬份的發行量，然而近幾年都面臨虧損與裁員的命運。

　　大眾媒體的式微，起因於分眾媒體的產生，各種不同性質的有線電視節目，各自吸收自己的小眾觀眾群，目前一個節目有1％的收視率已算是不錯的節目。報紙媒體也由於「蘋果日報」與網路新聞的出現，讓報紙媒體缺乏了以往的廣告效益。

　　雖然廣告效益降低了，可是廣告成本卻沒有降低多少，30秒的電視廣告平均仍要2.5萬左右，半版的中國時報仍要10到15萬元。

　　對中小型的服務業而言，昂貴的大眾媒體是一個大負擔。沒有預算做廣告，而且廣告的投資也沒有回收。

　　分眾的社會，小眾的市場，大眾媒體變成大而無用，沒

有效益，因此對於一些小眾的服務業而言，只剩下公車廣告、派報、發DM及網路。

如果是社區型的或城鎮中的商店，只有靠DM、宣傳車或派報，但若是在一個城市，以靠大商圈為主的商店就要靠網路了，現在幾乎每家公司及商店都有自己的網站。

◎網路力量大

本來Yahoo、Google被定位為小事業體或小商店的廣告媒體，然而對一個無名的商店或公司而言，要在網站中建立知名度，必須先購買關鍵字，自從Yahoo改變了關鍵字遊戲規則，以競標價為優先順序，收費則以被點閱次數乘上競標價來計算，對一些小商店、小攤子、個人工作室而言，可能愈來愈無法負擔。

對於小店、小事業體而言，口碑為創造傳播最有效的廣告，透過口傳或透過網路傳播或因為具有特色被新聞媒體報導。

這是一個好事傳千里，壞事也傳千里的時代，只要有特殊性、與眾不同就會被一傳十，十傳百，只要有傳播的價值，就有媒體的報導。

　　這種傳播效果，是比廣告更有效果，更被消費者所信賴的宣傳方式。

> **新聞報導或網路口碑，創造驚人的效應。**
> 如果沒有預算做廣告，網路其實是一個很經濟的宣傳方式。

十六、M型社會的迷思

　　台灣的貧富差距已形成，最富組距與最貧組距，拉開至6.5倍以上。

　　市場上我們可以看見專門販售給富有族群的店家，各行各業都有專門做消費金字塔頂端生意的店家，如鮑魚專賣店、懷石料理、高級牛排西餐、高級服飾店、高級飾品店……等，往往單店單天的營業額就可達34萬，甚至百萬，一年營業額就有1億元至4億元！因此一家店幾乎等於一個小企業，一家頂級料理店的營業額抵得上數十家的牛肉麵連鎖店。

　　這樣看來，到底是只開一家店，一年的業績就達到上億元好呢？還是開20家的小店，業績同樣達到上億元好呢？怎麼選擇當然是見仁見智，一切全由投資報酬率與投資風險來做判斷。

　　先開一家小店投資，資本低、風險也少，成功獲利後再開第二、第三家……一開始就開一家高級的店，資本高、風

險也大，失敗了就一敗塗地。

◎有錢人的錢不一定好賺

台灣M型社會的型態已儼然形成，造成「賺有錢人的錢好賺，賺沒錢的人的錢難賺」。但也就是因為創業家們有這種念頭，所以才會一窩蜂的搶先進入M型市場中，開起高級的餐館、服飾店、珠寶店、精品店、SPA……等，想大賺有錢人的錢。

就舉坐落在竹北光明路一帶的餐館為例，那兒就擠進了近70家以上的大小餐館。經營者只想著這些科技新貴有錢，是M型社會裡有錢的那一群。

但整個分析下來，整個竹科廠商約有400家，工作人數有15萬人，這些員工裡面當然有不少是科技新貴，但是也有不少是作業員，因此即使進入M型社會的富有消費者市場，但這都是一個紅海市場，竹北光明路就是一條「紅海」的餐飲街。

同樣的，這波趨勢不只在竹北，在台北、台中、台南、高雄，屬於這種高消費的商店，一家家的開，但同樣也有不少關門大吉。

　　在竹科、台北內湖科學園區或台北東區，還有許多富麗堂皇的高級餐廳、精品店因經營不善門可羅雀的；就以擁有250億商機，100至200萬消費人口的SPA業來說，知名的如：登琪爾、自然美、亞力山大、媚登峰、雅聞、完美主義、施舒雅、優質女人、詩威特、質菲雅、克麗緹娜及東森集團的De Mon SPA等，其他小有知名度的更不少，大家一窩蜂搶進這個新市場，而且愈來愈大型化。

　　由於同質化的競爭，使得許多業者在豪華、亮麗的表面下，暗自虧損，忍牙硬撐，而資金不足的，就如同雅姿一般宣告停業。

　　切入M型社會金字塔上層，並不代表你進入了市場的藍海，只有差異化、有獨特性、有區隔、有不同的定位才能說你掌握到了贏的策略。

　　M型社會的金字塔上層人口約為五分之一，約有120萬戶，而底端差不多也是120萬戶，中間的家庭為360萬戶，仍是最大市場。

　　不管你是以上層高所得者為市場，或者中間中產階級為市場對象，贏的理論、競爭法則都是一樣的，不能因為M型社會形成，無差異化的切入這個「紅海」市場，那麼一樣會

敗陣下場的。

> ### 「勇於追求新的地平線，就是冒險家。」——哥倫布
>
> · 新知識是創業新時代成功的最重要武器。
> · 商品掛帥的時代已經過去，新觀念、新知識、新的管
>   理與行銷手法已徹底的改變了創業的成功法則。

Chapter 5

迎接個人化開店新時代

迎接個人化開店新時代

　　只要你敢大膽秀出自己的「獨特性」，現在正是以個人魅力，把自己變成「品牌」，創業的大好時機。

　　個人創業的時代已經來臨，每個具有獨特專長、理念的人，將可以不必寄身於企業之下，埋沒於集體制度之下，「個人」的專業理念和專精所長可以發揮，在這網路狂飆、口碑傳播的時代，即使不是有規模的大公司，不是享有廣大的知名度，也沒有可利用大眾媒體的龐大的預算，你，一個「個人」也可以將你的創業理念和獨特商品，無遠弗屆的傳播給特定的消費族群，並且得到他們的認同。

一、「獨特」就是魅力、就是力量

大聲的說出「自己的名字」，利用你的「名」，你的「相」在你個人化的商品、公司或網站上，充分展示給消費者你的專業服務。大膽的秀出你的「獨特性」，只要你有特殊的專長、獨特的理念，不管你是科技新貴或是勞工朋友，都可以闖出一片自己的天空。

Rent a Husband「出租丈夫」在美國是一個知名的國際修繕專業加盟公司。創始者是一位叫Kaile Warren的修繕工人。

他的「出租丈夫」修繕公司創立於他婚姻及失業的低潮期，一個剛離婚又失業的中年人，在下雪的夜晚流落於Portland的街頭，又冷又餓的他祈禱上帝能給他一條生存之路。

望著繽紛的雪花，最後他想到自己能在這世上生存的唯一一條路就是「替人家修繕房子」、整理花園、修修水管，既然已經離了婚，沒有家庭，那就當別人的「出租丈夫」，替別人打工吧！結果Kaile Warren竟然闖出了一片天空。

他動人的故事和「Rent a Husband」被電視、報紙、雜誌看上，競相報導他的熱忱、謙虛、努力和專長，以及個人的「傳奇故事」。

198

　　像這種以個人魅力創業的成功例子已經愈來愈多了。

　　「英雄不怕出身低」，「天才不怕被埋沒」不再是安慰失意人的話。只要你有眞本事，這個時機正大好，你「個人」確實有機會創業出頭天。

二、個人化開店的發展背景

以下分析「個人化」創業時代的發展背景：

1.量身訂做的行銷時代來臨——

在分眾的時代裡，不可能只以一個商品滿足所有的消費群，在眾多競爭者的市場裡，只有採取差異化的策略，把市場切成一小片一小片的，並且創造獨特的商品利益，滿足那些特定的市場需求者，一個人、一個公司或一個商品才有勝出的機會。

當市場愈分愈細，消費需求愈來愈特殊，依個別量身訂做的市場商機就呈現出來了。

針對個人特別需求所調配的女性彩妝By Terry，不管是口紅、眼影、蜜粉……等都能為你親自調配。Tailor Made Cakes針對個人特別需求，將你的創意、構想、故事或照片烘焙成你個人需要的特殊蛋糕造型；針對個人Size和身材量身

訂做的牛仔褲Land's end；針對個人需求設計到非洲的烏干達、干比亞、坦尙尼亞的Tailor Made Safari冒險旅遊；針對釣魚迷所安排，到全世界釣魚、獵鯊魚的旅行等的Tailor Made Fishing。

幾年前，台灣曾經有一個已具世界知名度的保險套量身訂做公司SakuNet International莎酷網，他們提供55種不同Size的保險套，尺寸從3英寸到9.4英寸長，消費者還可以在網路下載尺寸的量尺表，然後E-mail自己的尺寸去訂做自己專用的保險套。

自從莎酷網開創這個業務後，短短不到半年的時間，就已經有兩萬人次上網下載這個量尺表，而且訂製保險套的總銷量也到達了5000打。

另外針對市場上辣椒迷所提供的世界各種超猛辣椒的專業網站，也十分成功，如瘋狗三五七、超猛百分百、瘋子、迷失狂沸騰之湖、黑人情婦等……都是這些超麻辣的辣椒名字。

不管你多瘋狂，只要你能找到一群和你一樣瘋狂的一群人，你就可以瘋狂的做起生意來。

2. 個人品牌行銷──

品牌的價值，不僅在於品牌的知名度，更重要的是品牌能夠提供給特定消費者特別的認同和偏好。

只有創造出如同個人特有生命和價值的內涵，如同個人般有血有淚的故事和使命，「品牌」才能擬人化，「品牌」才能有意義。

企業或商品花費鉅大費用聘請符合公司文化的知名人物作為品牌代言人，將企業品牌和個人化特質結合在一起，或是利用個人的名字為企業和商品命名的例子在國外很多，而且有很悠久的歷史，這些都是為了塑造品牌形象，讓品牌有生命。

國際知名的奧美廣告公司（O&M），就是以個人名字作為公司命名，全球幾十萬的員工依照其個人的廣告理念，每天創作新的廣告；而Berlitz是世界上最大的語文學習機構，依Berlitz的個人名字創造出獨特的語文教學法，成立已經有超過100年以上的歷史，並且在全球擁有遍佈400多家的分支機構。

Pierre Cardin、LV、Christine Dior、Giorgio Armani……等也都是以個人名字行銷全世界的品牌。最近英國名模凱‧特

摩絲也以自己的名字推出服裝品牌。

以「個人」為品牌，可以迅速地創造商品的生命及消費者的偏好，並可縮短品牌的時間性，利用個人本身或理念的魅力，快速地建立起消費者的認同。

在台灣，這般「個人化行銷」的風氣正在流行，就以出版品為例：坊間很多書籍都把作者的肖像放在封面，以作者的個人魅力為號召，這在十幾年前是少有的現象。

蔡依林曾經撰寫了一本學英文的書籍，竟然可以賣掉20萬本以上，這個成功例子說明了商品的內容只是次要條件，個人品牌才是主要的條件，而蔡依林成功的創造了自己的個人品牌。

名模林志玲、名主持人于美人、鄭弘儀都是以個人魅力創造了個人品牌，更而為企業代言，另外如孫芸芸、賈永婕、蔣友柏兄弟、溫慶珠等也依個人的知名度創造出個人的專業品牌。

3. 個人創業時代──

在網路這條資訊高速公路異常發達的年代，是年輕人創業的大好時機。

據「理得商機智庫」研究，美國成功賺錢網路的小商

店，大都是非常專業的網站，針對小眾市場，利用網路商店創造獨特的商品，或利用個人的魅力創造品牌、創造好商品、創造好口碑。這些成功的店如：專業手工餅乾店、專賣假髮的商店、專門提供給騎馬者的商店、針對失眠者提供諮詢服務、專門提供地毯清潔的商品……等，都是非常具有個人專業度的網路商店。

　　台灣個人網路商店正在發燒，自創品牌的手工銀飾品、手創藝的卡片、相框、背包、髮飾，利用個人漫畫像製造的茶杯、T恤、文具用品，依個人形象捏造的泥塑像、依個人喜好設計的首飾、服飾、紋身、自行車等工作坊及賣水果、德國豬腳、滷味、嬰兒用品等網路商店正是目前創業的熱門話題。

　　E世代年輕人之所以選擇畢業後就創業，通常是因為不喜愛朝九晚五、被制度束縛的工作，因此自己開店創業，成為年輕人的就業最愛。同學朋友兩、三人集資開起投資金額不大的早餐店、冰店、寵物店、禮品店、服飾店、網路商店以及其他服務業。

　　個人創業時代已經來臨，「個人創業」成功的首要條件為要有新興的創意及專業。E世代的年輕人經常被四、五年級生譏笑為善變、不穩定、不能吃苦，然而因為年輕人的善

變，一些新奇創意的商品和專業才能呈現出來，個人的創意
也才能轉化為實際的創業行動。

三、個人化開店，不夠「獨特」，免談

個人創業必須注意的事項：

1. 分析出個人之獨特專長和特別之理念，好好的發掘並發揮你的獨特專長。

2. 該專長和理念是否真有獨特之處，如果沒有與眾不同之處就免談。

3. 該專長和理念如何轉化成為「商品」或「服務」？理想最終還是要落實於現實，理念要能有「商業價值」。

4. 該項商品或服務如何收費？如何讓消費者付費？以何種方式收費？

5. 是否很不容易被他人模仿或取代？如果沒有獨特處，模仿者將很快跟進。

6. 是否有一群同好或是相同理念者？市場不能太小，小到無法

獲利。

7. 是否可以造成「口碑性」或「新聞性」？是否有讓人驚奇或
   新奇之處呢？如果有，那就有新聞及口碑價值。

是否收入可以支持所需之開銷？一般個人網站或工作坊
營業數字很低，無法負擔成本支出或只有微薄利潤。

自信是建立品牌最重要的要素。

大膽說出自己，建立自己的吸引力，讓許多沒有自信與
缺乏人生方向的現代人，因為對你的認同，而有所寄
託。

Chapter 6

網路——
無遠弗屆的開店新方法

網路──無遠弗屆的開店新方法

開一家店少則50、100萬，多則上千萬，投資金額大，好地段、好店面又難找，市場競爭大，新興人類的服務人員又難管理，不如小額投資，作一個網路達人，成為一個網路的SOHO族。但「網路創業」真的是比完整商店的經營容易嗎？

台灣網路普及率已高達63％，有網路購物的比例更高達90％，其中男性購物經驗比例為89％，女性為92％。從這些資料了解台灣網路商店的環境已經成熟了。

雖然如此，但是全球有1億7,000萬個網站，每天新增加

10,000個新網站，還有4,000萬個部落格。在茫茫的網際世界裡，網友如何找到你的網站，然後在你的網頁上瀏覽，產生足夠的興趣並且對你提供的商品、付款流程、配送的流程有信心，並且下單購買，這些都是問題。

在美國曾做過一項統計，吸引一個網友上網必須花費80美元的行銷費用，然而每一個網友卻只平均購買了60美元的商品。在台灣雖然沒有人做過這樣的統計，但是想必成本也很高。

台灣的入口網站以Yahoo獨大壟斷了市場，在三年前，如果想要你的網站在Yahoo上的關鍵字搜尋排名很前面，只要掌握住Yahoo搜尋關鍵字排序的position訣竅就可以了，也就是只要在關鍵字、程式媒體下一些技巧與重複字的設計，就能讓你的網站有更多人瀏覽，你在關鍵字的排行就可以排到前面了。

然而後來關鍵字的排行不是按照這個邏輯，後來Yahoo的關鍵字排行必須要購買，起先在熱門排行榜前五名，每個網站只有2,000到3,000元，但是兩年多前關鍵字的索費變為以點擊數來計費，不但如此，排行榜更依競價來排行，起初一些關鍵字的起價為20元或30元，但最近標價愈來愈高，有些競標價高達20元、30元，甚至更高的。

◎網站經營的現實面

　　如果你是一個小網站，為了要求每天有200人到你的網站瀏覽，假如每個網友敲點你的網頁是8元，不管有沒有生意成交，你一天就要給Yahoo1,600元，一個月就要4,8000元，這費用會比租一個店面的房租便宜嗎？

　　而且在200個瀏覽者裡，到底有多少人會購買你的商品呢？如果成交率只有1％，那麼每天只有2個人，每個成交金額為500元，那麼一天的交易額只有1,000元。

　　如果不是長期經營，造成口碑或者建立忠誠消費者的重複購買，那麼怎吃得消呢？

　　據了解，一般經營不錯的網路商店一個月的營業額每月在三、四十萬，利潤四、五萬左右，超過百萬的就算是很了不起的網站。就算是經常上電視節目受訪的某個時尚水果概念館，每月的平均業績也在三、四十萬左右，最好時有百萬，扣除一些固定成本、包裝費、宅配費、三、四個人力來運作，據估計一個月每人可能最多也只能賺到三、四萬。

　　純網路商店的SOHO族，真正靠此賺大錢的還算不多，而且能藉著網路的無遠弗屆的功能立足台灣而能行銷全世界或亞洲，甚至大中華圈的網路商店更是少數。

　　要行銷全世界，除了要排除語言障礙外，另外的就是要

有行銷全世界的獨特商品。在美國靠網路商店,單賣一個商品或一種研究報告就可以每年賺上數十萬美金,但是在台灣因為市場有限,除非可以大中華化或者是國際化,否則其發展基本上就受到極大的限制。

　　網路商店必須創造自己的獨特價值,除了所提供出來的商品,其獨特價值還包括個人化服務,與商品的專業化。

　　網路商店的成敗,最重要的關鍵點是網路商店是否創造出了商品獨特的價值?顧客是否經由來到網站消費,得到了實體商店無法得到的特殊價值?

　　p212是網路商店與其目標顧客間的關係圖。

　　從該關係圖可以清楚地了解,目標顧客願意來網路商店消費,實是著眼於商品提供出的獨特價值,因為有價值,所以顧客一再上網站來消費,形成重複消費,並建立起對該網路商店的忠誠度;而網路商店所提供出來的商品,其獨特的價值除了商品本身之外,還有顧客的個人化服務,與商品的專業化。

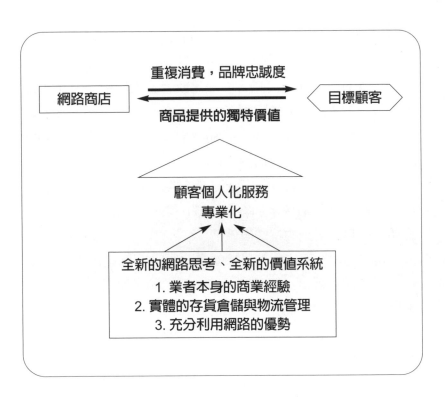

・特質1》塑造商品的獨特價值

　　網店的經營，其核心在於商品的獨特價值。當網路開始普及，很多人以為網路就是一個虛擬的世界而已，是一個不用實體空間的商業平台，因此很多業者或想創業的人紛紛在

網路上設立網站，簡單的一個商品樣式展售和價格，然後放一個信用卡或郵政劃撥付款就好了，覺得這樣子很簡單、成本很低，心裡想著上網的人那麼多，應該會好好撈一筆吧！可是這些簡單的網站現在還存在嗎？一天有多少顧客願意上門呢？答案當然是失敗的。

經營失敗最主要的原因，還是在於網路商店本身提供不出具有獨特價值的商品給顧客。

顧客如果感受不到來到這家網路商店得到了什麼不一樣的商品，獲得了什麼不一樣的服務，有什麼得到的價值是實體商店得不到，那顧客上門的吸引力就低了。

‧特質2》塑造網路商店的獨特價值

然而，網路商店獨特的價值是如何創造的呢？從形式上，就是網頁的設計，網頁的設計是顧客接觸的第一線，最基本的就是要吸引顧客上門，但更重要的是在商店內容上，這部分主要分為兩個部分：包括了「顧客服務」與「專業諮詢服務」。

「顧客服務」方面，尤其是個人化的服務，因為網路的便利，善於建立顧客的個人資料，有了顧客的個人資料，網路商店便可依顧客個人不同的興趣與偏好或習慣，主動地為

顧客進行個人化服務。

在「專業諮詢服務」方面，對於以資訊流通為商品的網路商店為主，夠專業的諮詢服務、問題解答，很容易便建立起網路商店的品牌，而且網路快速的特性可以做到比實體商店還要快的資訊交流。

然而，要做到個人化的服務與專業化，企業必須要以一個全新的網路思考與新的價值系統去建構這個網路商店，還要配合三個基礎：一是從業者本身過去從事的相關產業擷取成功的經驗，尤其是對於專業化方面，像號稱已有四百萬會員的科技紫微網。

科技界出身的創辦人張盛舒以科技與科學的方法重新詮釋傳統的紫微算命。接受電視節目訪問並透露曾經月營業額近百萬的HUG時尚水果網，在創業之初就一一的拜訪並說服果農，並對水果的產季與產地做了充分的功課。

Ask the builder的Carter，本身過去就是一位修理房子的工人，因為有這些過去經營的經驗與通路，可以給網友專業與快速的資訊與服務，配合上新的思考方式經營網路商店，有如此熟悉、深厚的根基，網路商店經營起來就比較不是無中生有、天馬行空。

新東港黑鮪魚生魚片專賣店，因為能限制自己在黑鮪魚

上的專業和優勢，而能贏過許許多多的後進競爭者。

·特質3》勝過實體店面的訣竅

　　網路最大的特性是即時，如果貨物很慢才到顧客手中，那網路的特性就不存在了，這部分與實體物流、倉儲管理有關，所以網路商店並不完全是虛擬的，有實體商品一樣要有實體管理的能力。

　　透過顧客服務與專業化的管理，網路商店的商品才能更突顯出其異於實體商店的價值，顧客才會選擇上網消費而不必去實體店面。若再配合上新的價值系統所創造的個人化服務，以提供10,000種設計家品牌香水和古龍水的Fragrancenet網站為例，除了比實體通路擁有10％，甚至到70％的折扣外，在宅配的包裝及售後服務，加上情感交流服務……等，在雄厚的物流管理基礎下，創造出更多的附加價值給顧客。

　　賣鑽石的BlueNile開站才八年，業績已達8億美金，就連賣珠寶已有百年歷史的Tiffany都受其威脅。除了100％不滿意退貨及折扣外，更提供許多專業知識的教育、交流和諮詢，創造了多於實體商店的價值。

‧特質4》以商品價值爲核心，發展其他服務

網路商店成敗之原因，主要還是在於是否帶給了顧客不一樣的價值感受。

無論是網路商店間的競爭，抑或是網路與實體的戰爭，都是看這一個核心觀念，這也是衡量網路商店成敗的標準。

有了核心觀念後，再以全新的觀念去思考網路世界的價值系統，進而設計符合目標顧客需求的網頁，並且根據資源與能力的多寡，極力發掘可以滿足顧客的各種方法，最好是與實體商店大不相同的創新，才會有最大的獨特價值。

商品有了獨特的價值，才是網路商店收入穩定的最佳保障，甚至不必與實體商店削價競爭，一樣可以有大量顧客上站，因爲他們要的是被創造出來的網路新價值。

‧特質5》網店的客服比實體重要

要創造商品的獨特價值，除商品本身之外，佔最大的部分要算是顧客服務了。

在實體商店的經營，我們對於顧客相當重視。在網路商店來說，顧客服務則更加重要，爲什麼呢？有人曾經說過，網路商店是不必有實體店舖的店面成本，不必有太多的人事

成本，但是這部分的成本其實是省不下來的，因為都轉移到顧客服務的成本上了。

因為網路商店沒有實體店面，所以網路的交易是較不被信任的，而顧客在消費的過程之中發生了問題，也無法像實體商店一樣馬上可以找到人來負責，面對的反而是冷冰冰的網頁，這一點是顧客最不願意碰到的，因此，網路商店必須花更多的成本在顧客的服務上，最好是建立個人化的服務，以彌補網路在這方面的不足，所以個人化的服務可以是一個網路商店是否成功的檢視指標。

・特質6》專業化讓別人難以模仿

在很多個人成功的網路商店中，我們會提到專業化的內容對於網站相當重要，因為專業化是最難模仿的競爭優勢。

對於一個網路商店而言，具備專業化，就不怕競爭者會太多。

專業化讓商品更具有價值。十幾年經驗所提供出來的服務，當然價值不菲，提供這樣專業的服務或商品，極易建立起顧客對於網路商店商品的信任感，也就是品牌。

品牌、口碑一旦建立起來，不但老顧客忠誠度穩如泰山，而且還會吸引市場上更多新顧客的眼光，有了顧客對於

網路商店的信賴，就會有充分的人氣和收入了，因此專業化也是檢視網路商店是否成功的一個角度。

台南的伊蕾特布丁因為對產品的品質堅持「不加一滴水，以鮮奶代替水」，使其專業商品無人可以取代。

・特質7》特定顧客群的分眾行銷

在行銷的對象上，特定顧客群的分眾行銷，已經漸漸取代以所有人為行銷對象的大眾行銷了，尤其網路所具有的優勢，使得網路商店更能因為分眾行銷而更接近顧客。

網路有哪些優勢呢？一是網路超越了時空，讓顧客可以搜尋、檢索，因此更有利於鎖定特殊的消費者，提供顧客個人化特殊的服務。

二是因為網路與電腦的技術運用，讓資料更容易建立起來。有特殊顧客群詳細的消費個人紀錄，就更容易提供服務，確實掌握住消費群。

只對目標的顧客群專心經營，比較容易在這群顧客間建立起品牌效應。

現代人喜歡凡事有自己的風格，通常大眾行銷走的是量化，而分眾行銷是走特殊化的路線，針對特定的消費群眾來進行網路商店的經營，就更有利於提供出個人化的服務，而

不是去大量進貨、削價競爭。

因此，有精準目標顧客，也是網路商店經營成功的條件之一。

・特質8》對網路創業者的忠告

總結上述內容，對網路的創業家有幾點忠告：

第一是「不要一昧地樂觀」，網路創業並不比實體商店簡單，花費的心血和功夫可能都比經營一家實體商店來得多；但報酬可能不快、業績也不若想像大。

大部分的個人網路創業者，大都也只有每月4至15萬的業績，扣掉人事成本，獲利性並不如預期高。

第二是「要以世界市場爲舞台」，或至少以大中華圈爲舞台。台灣雖有900多萬的上網人口，但畢竟比美國、日本、加拿大等網路大國來得小；繁體中文網站更無法與以全世界爲市場的英美語網站相比較。

市場小，網站的獲利性和市場性當然就小。因此，若能以世界作爲行銷對象，網站的潛力就會無窮，就能達到網路無遠弗屆的功能了。

最後是「保有你的獨特性」，網路上的網站成千上萬，要建立起網站的知名度和流量需要花一段頗長的時間和不少

心血，如果沒獨特性，一個新網站根本沒有生存空間。

　　建立一個網站很容易，但要經營一個網站卻不容易，要經營一個有獨特性且有獲利性的網站，又更加不容易了。

網路不是最簡易的創業方式，也不是可以無遠弗屆的。

網路開店和實體開店一樣，所要求的創業精神和對消費者的服務和關切，都是非常重要的。

開店的藍海
與錢海七大策略

開店的藍海
與錢海七大策略

在激烈的市場競爭下，「創新」是唯一求生存而且可以打敗競爭者最有利的武器。如何正中標的來創新？這裡為你說明白。

談到「創新」這個名詞，一般人都只認為是針對改變生產技術，提升商品功能、包裝與附加價值；創新的策略應包括掌握核心競爭力、尋找新市場區隔、賦予商品新附加價值、創造新服務方式及通路、創造全心經營形式、發掘新客戶及市場、創新的世界觀等。

·策略1》掌握核心競爭力

創業者最忌諱無法創新，單是一味copy先進者模式，最多只有在商品的品質、包裝、價格或服務方式做些改良、修正，然而後繼模仿者不斷跟進，市場空建，因為後進者不斷湧入而快速飽和，不管後進者和新進者都盡可能努力改變自己，並且試圖打敗對手。

競爭的最後結果是：大家盡量提供附加價值，給消費者最大的滿足，結果讓成本大大提高。

以開一家牛肉麵店為例，不但要肉好、麵Q、湯濃，而且還要有衛生、明亮及舒適的空間，更要有態度良好的服務生以及便利的坐落位置。

為了提供最好的服務組合，結果成本提高，投資金額驟增，但是市場佔有率卻有限，完美組合卻缺乏核心競爭力，獲利差，甚至因為成本過高，沒有獲利空間，導致關門大吉。

由此可見，掌握核心競爭力的意義在於掌握消費者最需要的關鍵要素，並且強化這最關鍵的要素，對於次要的要素，則簡化之。

台北市愛國東路上老兵開的牛肉麵攤子，每天客人爭相上門，可是卻沒有很好的用餐環境，也沒有所謂的企業形

象，更沒有受過訓練的服務人員，唯一有的就只有好嚼的麵、好鮮的肉與好喝的湯頭；新店的一碗小羊肉，天氣寒意一到，每天店門口都爆滿，其成功的核心關鍵是好吃的羊肉湯。

一些微型企業或小型商店經營上遇到困難時，如果請教管理專業人士或顧問專家，他們經常會提供你一個超完美建議：商店坐落位置要有好的地點，要有舒適的消費空間及完美的服務等，卻老抓不著核心的成功要素，徒然增加成本，不僅沒有獲利性，更沒有競爭力。

・策略2》尋找新市場區隔

自從星巴克、客喜康、Doutor等高價位、高品質的咖啡連鎖店進入台灣市場後，本土咖啡店幾乎沒有生存空間，但壹咖啡卻以35元低價策略切入，以外帶為主，創造新的競爭策略。

一家連鎖型態的咖啡廳，投資動輒四、五百萬元，回收期三到四年；可是，投資一家壹咖啡不到一百萬元，沒有氣氛優雅的空間，以外帶和外送的方式，提供給路過的消費者或附近的上班族，其成功策略在於能脫離競爭激烈的主戰場，另闢一個敵人忽略或沒有注意的市場。

　　Doutor是日本最大的咖啡連鎖系統，當星巴克進入日本市場，迅速擴充，帶給Doutor莫大的壓力。

　　Doutor則另闢市場，發展新品牌Excelsior，以優質、高價與服務形象轉戰另外一較高定位的市場，除了提供咖啡外，更提供美食服務，不但提高了每位消費者的消費單價，也增加了毛利，並且和星巴克做了大大的區隔。

．策略3》賦予商品新的附加價值

　　星巴克除了好咖啡外，也提供人們互相交談溝通的空間；La new不僅賣好看的鞋，還鼓勵人們能走更遠的路；百菇園是一間美食餐廳，亦提供了健康及增加免疫力的保健功能；新疆野宴不只提供新疆滋味的烤肉，更提供了放鬆心情、豪放的飲食空間；LV不僅販售高級皮包，並賦予自我認定的價值；Marlbolo香菸利用西部牛仔為代言，滿足了消費者「男人氣概」的認同；Yume在網路上所販售的銀飾品，創造了許多故事滿足年輕夢想……這些額外的附加價值，才是其真正成功的原因。

　　成功的事業除了提供商品本身的物質利益之外，更必須提供現代消費者所需要的心靈認同和心理上的附加價值。

·策略4》創造新的服務方式及通路

戴爾電腦創造了消費者直接由網路購物的服務，因為成本降低，價格比IBM更有競爭力，而且讓服務加速。

房地產公司提供網路看屋的服務，不但給消費者、業務員方便，減少了成交時間成本，更增加了成交成功率。

拉拉山水蜜桃利用網路可以直接銷售到平地來，不但創造了新通路，更減少中間商剝削。

進口化妝品獨霸市場，次級品牌及本土品牌在根本毫無銷售通路的情況下，台鹽綠迷雅大膽創造了「台鹽生技」的加盟店通路。

上海烤包子店，不但創造了新商品形式，也創造現烤現賣的服務方式，讓店門口維持排長龍的隊伍，增加消費者的好奇及買氣。

·策略5》創造全新的經營方式

迷你小火鍋、小巷亭及迴轉壽司、海鮮快炒100元、休閒小站、35元咖啡與池上外帶便當等，都曾以全新的經營方式轟動市場。

縮減用餐空間，省略複雜服務，池上外送便當在有限人

力下，創造了最大經營效益。

　　日本料理在台灣是一種高級且高價的外食，二十年前台北圓環附近的小巷亭以平價方式供應，可說是平價日本料理的創始者，30元的各種平價壽司也是迴轉壽司創新的經營方式。

　　海鮮本來也是一種昂貴料理的代名詞，快炒每道都100元，打破傳統高價迷思。

　　這些創新的經營者，都能夠在創業初期造成轟動，搶到熱錢，然而市場上沒有一個永遠不衰退的大賺邏輯，後進跟隨者不斷湧進，只有不斷再創造新的經營形式，才能真正永續不衰。

・策略6》發掘新客戶及新市場

　　當傳統競爭市場飽和，不妨轉換個跑道，到大家都看不見的市場裡，去找一群所有人都不曾注意的市場及消費者。

　　舉例來看，老年人一直都被視為社會邊緣人，是沒有消費能力的一群，然而當先進國家及台灣人口逐漸老化時，老人商機就逐漸出現。

　　以往化妝品都以年輕女性為消費主力，在美國，老人美容品卻佔有四分之一的銷售業績，以往認為旅行是年輕人的

專利，但是在美、日國家，最貴的旅行卻都是老年人的專利，就連豪華汽車最大的客群也是老年人。

老人市場一例旨在說明，創業成功的眼光絕對不要只放在大家爭相搶食的市場上，一定要比別人更有眼光去發掘尚未被發現或忽略的市場。

同要的，創新的咖啡，不一定要搶食舊有忠實的消費者，就像卡拉威利用創新的高爾夫球桿，來搶奪非專業市場。

・策略7》視全世界為競爭者

台灣的創業家，不應只把眼光放在台灣，應以全世界為創業舞台；在世界化的趨勢中，競爭對手不再是往昔隔鄰的同行或本土競爭者，而是來自世界各國、各種形式。

水餃店、麵店都將面臨國際連鎖速食店的競爭壓力；泡沫紅茶的經營壓力不只是來自葵可利、五十嵐、85度C，而是國際巨型咖啡連鎖店，如星巴克。

台灣的創業家無法忽略世界觀的重要性，如果只著眼於台灣本土，最後的結局就是互相殘殺。

日本一個章魚燒攤子、一個北海道拉麵店，就可以成為世界性的連鎖事業，台灣為何不能？新興的創業家，如果不

以國際化的競爭性作思考，最後的結果就是被國際性的企業
擊倒，甚至連本土生存的機會都沒有了。

> **「不斷學習的人，將來必成大事。」**——林肯
>
> 不斷向未來挑戰，向自己挑戰，不能自滿於現狀，不能
> 因為一時的成就而自滿，不因一時之挫折而喪志。成功
> 是屬於不斷學習的人。

AQUARIUS

寶瓶文化叢書目錄

寶瓶文化事業有限公司
地址：台北市110信義區基隆路一段180號8樓
電話：(02) 27463955
傳真：(02) 27495072　劃撥帳號：19446403
※如需掛號請另加郵資40元

系列	書號	書名	作者	定價
Enjoy 搶先給你最嗆、最行的生活資訊	E001	夏禕的上海菜	夏禕	NT$229
	E002	黑皮書——逆境中的快樂處方	時台明	NT$200
	E003	告別經痛	吳珮琪	NT$119
	E004	平胸拜拜	吳珮琪	NT$119
	E005	擺脫豬腦袋——42個讓頭腦飛躍的妙點子	于東輝	NT$200
	E006	預約富有的愛情	劉憶如	NT$190
	E007	一拍搞定——金拍銀拍完全戰勝手冊	聯合報資深財經作者群	NT$200
	E008	打造資優小富翁	蔣雅淇	NT$230
	E009	你的北京學姊	崔慈芬	NT$200
	E010	星座慾望城市	唐立淇	NT$220
	E011	目擊流行	孫正華	NT$210
	E012	八減一大於八——大肥貓的生活意見	于東輝	NT$200
	E013	都是愛情惹的禍	湯靜慈	NT$199
	E014	邱維濤的英文集中贏	邱維濤	NT$250
	E015	快樂不怕命來磨	高愛倫	NT$200
	E016	孩子，我要你比我有更有錢途	劉憶如	NT$220
	E017	一反天下無難事	于東輝	NT$200
	E018	Yes，I do——律師、醫師與教授給你的結婚企劃書	現代婦女基金會	NT$200
	E019	給過去、現在、未來的科學小飛俠	鍾志鵬	NT$250
	E020	30歲以前拯救肌膚大作戰——最Hito的藥妝保養概念	邱琬婷	NT$250
	E021	擺脫豬腦袋2	于東輝	NT$200
	E022	給過去、現在、未來的科學小飛俠（修訂版）	鍾志鵬	NT$250
	E023	36計搞定金龜婿	方穎	NT$250
	E024	我不要一個人睡！	蘇珊・夏洛斯伯 莊靖譯	NT$250
	E025	睡叫也能瘦！——不思議的蜂蜜減肥法	麥克・麥克尼等 王秀婷譯	NT$250
	E026	瘋妹不要不要仆街	我媽叫我不要理她	NT$230
	E027	跟著專家買房子	張欣民	NT$270
	E028	趙老大玩露營	趙慕嵩	NT$250

catcher	C01	基測作文大攻略——25位作文種子老師給你的戰鬥寶典 25位作文種子老師合著／聯合報教育版策劃		NT$280
	C02	菜鳥老師和學生的交換日記	梁曙娟	NT$220
	C03	新聞中的科學——大學指考搶分大補帖	聯合報教育版企劃撰文	NT$330
	C04	給長耳兔的36封信——成長進行式	李崇建著　辜筱茜繪	NT$240
	C05	擺脫火星文——縱橫字謎	15位國中作文種子老師合著	NT$300
	C06	放手力量大	丘引	NT$240
	C07	讓孩子像天才一樣的思考	貝娜德・泰南 李弘善譯	NT$250
	C08	關鍵教養○至六	盧蘇偉	NT$260
	C09	作文找碴王 十九位國中國文菁英教師合著 聯合報教育版策劃		NT$260
	C10	新聞中的科學2——俄國間諜是怎麼死的？	聯合報教育版策劃撰文	NT$330
	C11	態度是關鍵——預約孩子的未來	盧蘇偉	NT$260
	C12	態度是關鍵II——信心決定一切	盧蘇偉	NT$270

Island

有詩、有小說、有散文

系列	書號	書名	作者	定價
High 在這裡，最具話題的全都集中最流行、最合乎潮流、	H001	阿貴讓我咬一口	阿貴	NT$180
	H002	阿貴趴趴走	阿貴	NT$180
	H003	淡煙日記	淡煙	NT$220
	H004	幸福森林	林嘉翔	NT$239
	H005	小呀米大冒險	火星爺爺、谷靜仁	NT$199
	H006	滿街都是大作家	馬瑞霞	NT$170
	H007	我發誓，這是我的第一次	盧郁佳、馮光遠等	NT$170
	H008	黑的告白	圖／夏樹一　文／沈思	NT$199
	H009	誰站在那裡	圖／夏樹一　文／沈思	NT$220
	H010	黑道白皮書	洪浩唐、馮光遠等	NT$200
	H011	3顆許願的貓餅乾	圖／阿文‧文／納萊	NT$299
	H012	大腳男孩	圖‧文／JUN	NT$250
壹詩歌 傳統繼承與前衛造反並俱，詩與跨媒介的新浪潮，	001	壹詩歌創刊號	壹詩歌編輯群	NT$280
	002	壹詩歌創刊2號	壹詩歌編輯群	NT$280
★	P001	天使之城——阿使的孤單	流氓‧阿德	NT$220
	P002	天使之城——小天的深情	李忮蘂	NT$220
	P003	天堂之淚	張永智	NT$270
	P004	不倫練習生	許榮哲等	NT$200
	P005	男灣	墾丁男孩	NT$210
	P006	10個男人，11個壞	發條女	NT$220
賀賀蘇達娜	001	賀賀蘇達娜1——殺人玉	吳心怡	NT$149
	002	賀賀蘇達娜2——二十二門	吳心怡	NT$230
	003	賀賀蘇達娜3——接龍	吳心怡	NT$230
	004	賀賀蘇達娜4——瓜葛	吳心怡	NT$220
	005	賀賀蘇達娜5——喜禍	吳心怡	NT$200
	006	賀賀蘇達娜6——戰	吳心怡	NT$220
	007	賀賀蘇達娜7——弄玄虛（最終回）	吳心怡	NT$220

國家圖書館預行編目資料

開一家大排長龍的店／李文龍著. -- 初版. -
- 臺北市：寶瓶文化, 2007 [民96]
　面；　公分. -- (vision；66)
ISBN 978-986-7282-98-9 (平裝)
1. 創業　2. 商店－管理

494.1　　　　　　　　　　　96012190

vision 066

開一家大排長龍的店

作者／李文龍

發行人／張寶琴
社長兼總編輯／朱亞君
主編／張純玲
編輯／羅時清
外文主編／簡伊玲
美術主編／林慧雯
校對／張純玲・陳佩伶・余素維・李文龍
企劃主任／蘇靜玲
業務經理／盧金城
財務主任／趙玉雯　業務助理／林裕翔
出版者／寶瓶文化事業有限公司
地址／台北市 110 信義區基隆路一段 180 號 8 樓
電話／(02) 27463955　傳真／(02) 27495072
郵政劃撥／ 19446403　寶瓶文化事業有限公司
印刷廠／世和印製企業有限公司
總經銷／聯經出版事業公司
地址／台北縣汐止市大同路一段 367 號三樓　電話／(02) 26422629
E-mail／aquarius@udngroup.com
版權所有・翻印必究
法律顧問／理律法律事務所陳長文律師、蔣大中律師
如有破損或裝訂錯誤，請寄回本公司更換
著作完成日期／二○○七年五月
初版一刷日期／二○○七年七月
初版二刷日期／二○○七年七月六日
ISBN：978-986-7282-98-9
定價／ 260 元

Copyright@2007 by Lee Wen-Lung
Published by Aquarius Publishing Co., Ltd.
All Rights Reserved
Printed in Taiwan.

愛書人卡

感謝您熱心的為我們填寫，
對您的意見，我們會認真的加以參考，
希望寶瓶文化推出的每一本書，都能得到您的肯定與永遠的支持。

系列：V066　書名：開一家大排長龍的店

1. 姓名：＿＿＿＿＿＿＿＿　性別：□男　□女

2. 生日：＿＿＿年＿＿＿月＿＿＿日

3. 教育程度：□大學以上　□大學　□專科　□高中、高職　□高中職以下

4. 職業：＿＿＿＿＿＿＿＿

5. 聯絡地址：＿＿＿＿＿＿＿＿＿＿＿＿＿＿＿＿＿＿＿＿＿＿＿＿

　　聯絡電話：(日)＿＿＿＿＿＿＿＿＿(夜)＿＿＿＿＿＿＿＿＿

　　　　　　(手機)＿＿＿＿＿＿＿＿＿

6. E-mail信箱：＿＿＿＿＿＿＿＿＿＿＿＿＿＿＿＿＿＿＿

7. 購買日期：＿＿＿年＿＿＿月＿＿＿日

8. 您得知本書的管道：□報紙／雜誌　□電視／電台　□親友介紹　□逛書店　□網路

　　□傳單／海報　□廣告　□其他

9. 您在哪裡買到本書：□書店，店名＿＿＿＿＿＿　□劃撥　□現場活動　□贈書

　　□網路購書，網站名稱：＿＿＿＿＿＿＿　□其他＿＿＿＿＿＿

10. 對本書的建議：(請填代號　1. 滿意　2. 尚可　3. 再改進，請提供意見)

　　內容：＿＿＿＿＿＿＿＿＿＿＿＿＿＿＿＿＿＿

　　封面：＿＿＿＿＿＿＿＿＿＿＿＿＿＿＿＿＿＿

　　編排：＿＿＿＿＿＿＿＿＿＿＿＿＿＿＿＿＿＿

　　其他：＿＿＿＿＿＿＿＿＿＿＿＿＿＿＿＿＿＿

　　綜合意見：＿＿＿＿＿＿＿＿＿＿＿＿＿＿＿＿＿＿

11. 希望我們未來出版哪一類的書籍：＿＿＿＿＿＿＿＿＿＿＿＿＿＿

讓文字與書寫的聲音大鳴大放

寶瓶文化事業有限公司

寶瓶文化事業有限公司　　收

110 台北市信義區基隆路一段 180 號 8 樓

8F, 180 KEELUNG RD., SEC. 1,

TAIPEI, (110) TAIWAN R.O.C.

（請沿虛線對折後寄回，謝謝）